素食新主张

[法]原田幸代 著
张 婷 译

中国轻工业出版社

目录

凡是前面标有"★"的食谱均不含有麸质,适合麸质过敏者食用。

6★ 排毒养颜汤
(白萝卜香菇浓汤)

9★ 蛋白卷
(春卷、加多加多酱和梅子醋)

14★ 豆腐盅
(红绿两色的豆腐块)

17★ 禅意沙拉
(柿子、魔芋、豆腐糊和芝麻)

22★ 鸟巢炸薯丝
(鸟巢炸薯丝、芥末蛋黄酱和豆腐蛋黄酱)

27★ 日式浓汤
(用味噌调味的栗子面片与根菜)

32★ 豆腐布利尼饼与洋姜沙拉
(豆腐绿橄榄饼和洋姜沙拉)

37★ 荞麦面沙拉
(荞麦面条和煎豆腐)

42★ 葛根汤
(豆腐、毛豆葛根汤)

47　多彩西班牙比萨
（夏日薄皮比萨）

52*　松脆腌根菜
（腌根菜、红小扁豆和藜麦）

57*　素食千层
（土豆、西葫芦、番茄酱和大豆蛋白）

62*　田园焗菜
（焗西蓝花、金橘、豆乳）

65　活力咖喱饭
（咖喱大豆蛋白、一粒小麦和普通小麦）

70　什锦蔬菜饭
（布格麦、腌菜和丹贝）

75　蔬菜天妇罗
（豆腐馅天妇罗和三草沙拉配柠檬汁）

80*　丛林土豆派
（土豆泥、牛肝菌和香菇）

85*　春日西班牙式什锦饭
（时蔬鲜果杂烩饭）

90　辣拌乌冬面
（乌冬面和赤味噌炒蔬菜）

95*　素食蔬菜汤
（蔬菜汤、海带汤、香菇汤、海带香菇汤）

100　米汉堡
（大米汉堡坯和照烧豆腐）

105　活力大蚬壳粉
（绿色杂烩菜填馅和蔬菜蒜泥浓汤）

108　夏日蔬块
（甜椒挞和绿色沙拉）

113　酥炸可乐饼
（加入红色藜麦的可乐饼、柠汁菜花）

118*　手卷寿司
（节日寿司）

123　妈妈汤团
（南瓜团子和欧防风酱）

128*　素食便当
（米饭和小菜）

133*　田乐
（玉米糁子与赤味噌榛子酱煎蔬菜）

138*　索卡烤薄饼
（鹰嘴豆粉烤薄饼和牛油果萨尔萨辣酱）

143　多利亚菜园
（春日蔬菜焗米饭、焗麦饭）

148*　森林黄油奶冻
（牛油果酱和白巧克力）

151*　醒神蛋糕和滋补茶
（菠萝玉米糁子蛋糕、生姜葛根茶）

156*　南瓜布丁
（南瓜布丁和焦糖栗子）

161* 秋日蛋糕
（鹰嘴豆梨蛋糕、桂皮和朗姆酒）

166* 红宝石潘趣酒
（杏仁浆方块、木槿花石榴糖浆）

附录

- **171** 制作调味油
- **173** 主要食材迷你指南
- **176** 烹饪技法索引
- **178** 主要配料索引

排毒养颜汤

(白萝卜香菇浓汤)

10分钟 准备时间 + 20分钟 烹饪时间 = 30分钟 总用时　★ 难度

食材
6人份

香芹 2根

蒜 1瓣

洋葱 100克

香菇 6朵

白萝卜 600克

调辅料

核桃油 3汤匙

蔬菜汤（见第95页）400毫升（或使用400毫升水+1小块脱水蔬菜）

豆浆 400毫升

白味噌 1咖啡匙

盐 1小撮

本书中1汤匙约为15毫升或15克，1咖啡匙约为4毫升或4克。

变换风味

色泽更鲜亮
用樱桃萝卜或青萝卜代替白萝卜。

功效更滋补
在浓汤中加入姜丝可以更加滋补脾胃。

什么是"大根"？

白萝卜在日本被称作"大根"，不管生熟都能食用，做沙拉时一般切片，也可以切碎做酱料。它富含维生素C、膳食纤维及钙等，常食不仅具有天然抗癌功效，也具有一定的排毒和行气作用。

没有白萝卜怎么办？

用其他种类的萝卜来代替也可以。

没有香菇怎么办？

用口蘑、牛肝菌或其他蘑菇来代替即可。

香菇的功效

在法国，这些来自于亚洲的蘑菇得到越来越广泛的种植，米其林餐厅也会用到这种食材。它富含蛋白质、膳食纤维和矿物质，不仅能降低血液中的胆固醇含量，还能提升免疫力并具有一定抗癌功效。

1

浓汤

准备时间 5分钟

+ 烹饪时间 15分钟

1 将白萝卜和洋葱去皮。白萝卜先切成4条，再切成厚为5毫米的扇形薄片，洋葱切细丝。

2 在平底锅中加入1汤匙核桃油，并加热。倒入洋葱翻炒，再加入白萝卜炒3分钟，注意不要让洋葱和白萝卜变色。

3 倒入蔬菜汤，用中火煮10分钟至全熟。

4 用电动搅拌器充分搅拌，放入豆浆和白味噌，以小火加热成浓汤。

2

配菜

准备时间 5分钟

+ 烹饪时间 5分钟

1 香菇去蒂后，将菇朵切片。蒜瓣去皮、除芽，香芹切碎后备用。

2 在平底锅中倒入1汤匙核桃油并加热，倒入蒜爆香，再放入香菇、盐和碎香芹炒香。

3 将浓汤倒入碗中，加入炒过的香菇和碎香芹，再加少许核桃油即可。

蛋白卷

（春卷、加多加多酱和梅子醋）

45分钟 + 17分钟 + 5分钟 = 1小时7分钟　★★
准备时间　烹饪时间　等待时间　总用时　　难度

食材
6人份

小黄瓜 2根
熟透的牛油果 1个
圆生菜 1个
芝麻菜 200克
樱桃萝卜 1捆
胡萝卜 3根
芦笋 1把

调辅料

葡萄子油 2汤匙+1咖啡匙
龙舌兰糖浆或蔗糖 4汤匙+1咖啡匙
梅子醋 2汤匙
春卷皮 18张
水 135毫升
大豆蛋白（大块） 150克
辣椒酱 1/4咖啡匙
苹果醋 1汤匙
酱油 4汤匙
干海带 30克
花生黄油 40克

变换风味

更适合奶素食者
可以在菜肴中加入桃子、莫萨里拉干酪和薄荷叶。

菜品外形更美观
可以加入杧果、甜菜和紫甘蓝丝。

什么是梅子和梅子醋？

果梅是蔷薇科杏属植物，在日本被称作"梅子"。梅子的果实呈橘黄色，加入紫苏叶后果实可呈现红色，再加入盐使梅子发酵后，就成为梅子醋。

没有大豆蛋白怎么办？

用豆腐、莫泽雷勒干酪或其他豆类来代替即可。

什么是加多加多？

加多加多是一道印尼马来式蔬菜沙拉，加多加多酱的主料是花生黄油。

1

大豆蛋白和酱料

准备时间
5分钟

+ 烹饪时间 15分钟

1 将大豆蛋白放入沸水中煮10分钟，冲洗后沥干水分。

2 将2汤匙葡萄子油倒入平底锅中烧热，倒入大豆蛋白炒两三分钟。

厨艺大师小贴士

将大豆蛋白放入烤箱中烤至颜色变白，取出后再进行炒制，让蛋白彻底干燥。这一过程能够去除蛋白的豆腥味，使其在之后的步骤中更好地吸收调料汁的味道。

3 在碗中倒入3汤匙酱油、3汤匙龙舌兰糖浆、大豆蛋白，搅拌均匀，包上保鲜膜。

4 制作加多加多酱时，需要分多次混合花生黄油和60毫升水，并充分搅拌。

5 在混合物中加入苹果醋、1汤匙酱油、少量辣椒酱和1汤匙龙舌兰糖浆。

厨艺大师小贴士

加多加多酱中还可以加入柠檬汁、蜂蜜、蒜末和姜末。这样制作的加多加多酱更具印度尼西亚风味，也更加正宗。

6 制作梅子醋调味汁：将梅子醋、5汤匙水、1咖啡匙龙舌兰糖浆和1咖啡匙葡萄子油混合后搅匀即可。

2

蔬菜

准备时间 20分钟

+ 烹饪时间 2分钟　　+ 等待时间 5分钟

1 将干海带在温水中泡5分钟，泡开后沥干水分。

2 将芦笋去根，放入煮沸的盐水（配方外）中煮2分钟，沥干水分后使其自然冷却，并将冷却的芦笋从中间切为两半。

3 将其中的1根胡萝卜和所有樱桃萝卜去皮，用切片器切片。剩下的胡萝卜去皮，用削皮刀刮出长条。

4 将其中的1根小黄瓜切圆片，另一根切长条。

5 牛油果去皮，果肉切片后，与大豆蛋白混合，包上保鲜膜。

6 芝麻菜和圆生菜洗净后沥干水分，将圆生菜撕成大片。

3

不同的蛋白卷

准备时间 20分钟

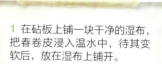

1 在砧板上铺一块干净的湿布，把春卷皮浸入温水中，待其变软后，放在湿布上铺开。

2 第1种蛋白卷：将大片的圆生菜摆在春卷皮的下端，在圆生菜上面放海带、芝麻菜、大豆蛋白和牛油果。

3 铺上第二层新鲜蔬菜（注意不能把这层蔬菜卷进圆生菜里），包括适量芝麻菜以及盖在芝麻菜上面的圆形樱桃萝卜片。

4 先卷住一部分春卷皮，将多余的部分压向右边，继续卷，压紧后一直卷到底即可。用同样的方法再制作5个蛋白卷。

5 第2种蛋白卷：将一大片圆生菜铺在春卷皮上，放上芝麻菜、大豆蛋白、牛油果、胡萝卜长条和海带。

6 铺上第二层蔬菜，包括芝麻菜、胡萝卜片和圆生菜。按照上面的方法将蛋白卷卷好。以同样方法再制作5个蛋白卷。

7 第3种蛋白卷：将圆生菜、海带、黄瓜条、芦笋等配菜铺在浸软的春卷皮上。

8 铺上第二层新鲜蔬菜，包括圆形黄瓜片和芦笋，卷好后再制作5个同样的蛋白卷。

厨艺大师小贴士

在沙拉中加入米粉、烤花生、薄荷叶，也非常美味。保存时需将做好的蛋白卷包入食品保鲜膜中，并存放于潮湿处，避免蛋白卷变干。

9 蛋白卷可整个上桌或斜切为两半，并配以两种酱汁食用。

豆腐盅

（红绿两色的豆腐块）

变换风味

更多夏天的感觉

对于绿色的豆腐盅,我们可以用牛油果来代替小黄瓜;对于红色的豆腐盅,则可以用番茄来代替樱桃萝卜。

更适合冬天食用

可在热水中将豆腐煮一下或在平底锅中用油将其煎熟。

豆腐的功效

豆腐富含蛋白质、B族维生素、维生素E,对皮肤、头发和眼睛都有益处,并且常吃豆腐还能够缓解更年期症状。

牛油果油

牛油果油富含维生素A、B族维生素、维生素C、维生素D、维生素E,还含有欧米伽6和欧米伽3脂肪酸,常吃能够保护皮肤并促进肠道消化。

没有豆腐怎么办?

可以用莫泽雷勒干酪来代替。

不同种类的豆腐

豆腐的种类很多,有南豆腐、北豆腐、炸豆腐、干豆腐等。我们可以根据所做的菜肴自由选择豆腐的种类。

1
准备蔬菜

准备时间 15分钟

1 把豆腐中的水沥干,切成小块,一块一块整齐地在砧板上摆开。

2 樱桃萝卜切片,红洋葱和红椒切丁,并将切好的红色蔬菜放入碗中。

3 将黄瓜、球茎茴香和韭菜等绿色蔬菜切碎后放入碗中。生姜切丝后单独放在小方碟中。

2
调料汁

准备时间 5分钟

1 将芝麻油和酱油倒入装有红色蔬菜的碗中。

2 将牛油果油倒入装有绿色蔬菜的碗中,再加入盐之花。

3 豆腐块摆好放在菜盘上,在每块豆腐上交替装饰红色蔬菜和绿色蔬菜。

4 将生姜丝和芝麻粒撒在装饰有绿色蔬菜的豆腐块上;将红胡椒粒撒在装饰有红色蔬菜的豆腐块上。

禅意沙拉

（柿子、魔芋、豆腐糊和芝麻）

21分钟 准备时间 + 10分钟 烹饪时间 + 1小时 等待时间 = 1小时31分钟 总用时　★ 难度

食材

6人份

四季豆 300克

柿子 2个

细叶芹 6根

胡萝卜 2根

调辅料

芝麻酱 2汤匙

南豆腐 250克

酱油 2汤匙

魔芋丝 130克

粗红糖 1汤匙

变换风味

颜色更丰富
用菠菜、西蓝花或熟甜菜代替柿子。

更营养
加入海带（海带是一种含有维生素B_{12}、钙、铁等营养元素的藻类植物）。

芝麻酱

芝麻酱是由磨碎的芝麻粒制成的，有抗氧化的功效，富含钙、镁、铁、B族维生素。

什么是魔芋？

魔芋在日本有2000多年的食用历史，人们用其地下块茎制作魔芋精粉、魔芋丝等。魔芋富含膳食纤维，能给人以饱腹感，因此，其越来越多地被用于减肥餐中。

没有柿子怎么办？

可以用梨或牛油果来代替。

豆腐

豆腐是在豆浆中加入凝固剂制成的，氯化镁就是一种凝固剂，在日本也叫盐卤。豆腐可提供丰富的蛋白质，甚至能够代替肉类。

1

豆腐

准备时间 1分钟

+ 等待时间 1小时

1 将豆腐放在滤锅中，并在上面压一个碟子。

2 用恰当的重物（如保鲜盒）压在碟子上，帮助豆腐沥水，大约需要1小时。

厨艺大师小贴士

从豆腐中沥出的水也可以用来制作汤或某种酱料。它留有豆腐的味道，并保留了豆腐的某些营养成分。

2

魔芋丝

准备时间 5分钟

+ 烹饪时间 5分钟

1 将魔芋丝倒入沸水中煮2分钟。

2 魔芋丝沥干水后再泡入凉水中。

厨艺大师小贴士

魔芋含有优质的可溶性膳食纤维葡甘露聚糖。与其他纤维不同，葡甘露聚糖不仅不产生能量，还能够吸附膳食中的糖分和油脂，人们称它为"肠道清洁剂"。此外，魔芋也有明显的排毒功效。

3 沥干魔芋上的水分，将其切成大段后放入锅中。

4 往锅中加入1汤匙酱油，开火加热魔芋，一边加热一边搅拌，3分钟后离火，放置待用。

3

蔬菜

准备时间 10分钟

+ 烹饪时间 5分钟

1 将胡萝卜洗净、去皮并切条。

2 将四季豆洗净、去梗，均匀地切成条状，再将长条切段，每段五六厘米长。

3 将四季豆放入沸水中煮3分钟。

4 加入胡萝卜，继续煮2分钟。

5 将蔬菜捞出，沥干水分后泡入冷水中，再次沥干水分。

6 柿子去皮后先切成4块，然后再将柿子块分别切成5毫米厚的薄片。

厨艺大师小贴士

柿子是一种含糖水果，因此也可以用于制作甜点。它含有丰富的维生素E和胡萝卜素。

4

豆腐糊

准备时间
5分钟

1 将豆腐放入沙拉盆中,用打蛋器搅拌。

2 向豆腐中加入1汤匙的酱油、芝麻酱和粗红糖,充分混合。

厨艺大师小贴士

自己可以用芝麻粒在家制作芝麻酱。先将芝麻粒炒干,再用电动搅拌器搅拌10分钟即可。

3 将胡萝卜、柿子、四季豆和魔芋丝放入沙拉盆中。

4 用锅铲轻轻搅拌。

厨艺大师小贴士

豆腐糊可以用来制作美味的脆皮。将豆腐糊倒在做熟的蔬菜上,再放入烤箱烤制,烤好后豆腐糊呈金黄色。

5 将拌好的沙拉均匀地放在碟子中,用细叶芹装饰后即可上桌。

厨艺大师小贴士

这是一道日本僧侣享用的素食,用蔬菜和谷物制作而成,在日本被叫作"斋饭"。不论在日本还是印度,都有很多佛家素食。

鸟巢炸薯丝

（鸟巢炸薯丝、芥末蛋黄酱和豆腐蛋黄酱）

35分钟	+	40分钟	+	1小时15分钟	=	2小时30分钟	★★
准备时间		烹饪时间		等待时间		总用时	难度

变换风味

更适合严格的素食主义者
可以用煮熟的白芸豆来代替鸡蛋。

更多绿色
用熟透的牛油果代替豆腐。

没有醋渍小黄瓜怎么办？

可以用绿橄榄或刺山柑花蕾来代替。

选择土豆的品种

在此食谱中，最适合的土豆品种应该是宾什土豆，因为在此道菜中土豆需要油炸，而宾什土豆的淀粉含量正适合油炸。

1

豆腐蛋黄酱

准备时间 5分钟

+ 等待时间 1小时

1 将南豆腐放在滤锅中,在豆腐上压一个碟子。

2 用恰当的重物(如保鲜盒)压在碟子上,帮助豆腐沥水,大约需要1小时。

3 在碗中混合豆腐、橄榄油、龙舌兰糖浆、柠檬汁、芥末和1/2咖啡匙盐,用电动搅拌器搅拌均匀,包上保鲜膜后放入冰箱冷藏。

厨艺大师小贴士

这种植物蛋黄酱也可以用椰子酱或腰果酱来制作,其质感和豆腐蛋黄酱几乎相同。

2

配料的准备

准备时间 20分钟

+ 烹饪时间 10分钟　+ 等待时间 15分钟

1 将鸡蛋和鹌鹑蛋放入沸水中,鸡蛋煮10分钟,鹌鹑蛋煮5分钟。煮好后立即放入冷水中,剥壳。

厨艺大师小贴士

如何给鹌鹑蛋去壳:准备两个小碗,将一个鹌鹑蛋放入小碗中,用另一个小碗盖住,轻轻摇动扣好的碗就能让鹌鹑蛋的壳裂开。之后将鹌鹑蛋放入水中,这样很容易就能将壳去掉。

2 剥去蚕豆的荚壳,将蚕豆倒入加盐(1咖啡匙)的沸水中煮2分钟。

厨艺大师小贴士

用水浸泡白洋葱可去除其呛鼻的味道。

3 沥干水分后用冷水冲洗蚕豆，去皮后放置待用。

4 将白洋葱切碎，在冷水中浸泡15分钟。沥干水分后再用吸水纸干燥。

5 将小黄瓜先切为4条，再将黄瓜条切成扇形薄片，切好后放入碗中，加盐（配方外）腌渍10分钟。

6 冲洗小黄瓜，用笼布和漏勺沥水。

7 将所有鸡蛋切成小块并放入碗中。

8 将醋渍小黄瓜和香芹切丁，倒入装有鸡蛋的碗中。

3

土豆鸟巢

准备时间 5分钟

+ 烹饪时间 30分钟

1 将煎炸油倒入平底锅中，加热至170℃。

2 土豆去皮，用削条器削成细条。

3 将少量的土豆丝在滤勺中铺开，用一个更小的滤勺挤压并调整土豆丝形状，使其呈鸟巢形状。

4 将滤勺与土豆丝整体放入油中，炸至土豆鸟巢颜色金黄，质地酥脆即可。

厨艺大师小贴士

土豆切好后要立即油炸，否则会变黑。不要用水冲洗，这样能保留土豆中的淀粉，让土豆鸟巢更好地保持形状。

5 将炸好的鸟巢放在吸油纸上。用同样的方法再炸5个鸟巢。

4
芥末蛋黄酱

准备时间 5分钟

1 在放有鸡蛋的碗中加入沥干水分的白洋葱、小黄瓜片、豆腐蛋黄酱，搅拌均匀即可做成芥末蛋黄酱，将芥末蛋黄酱抹在鸟巢中。

厨艺大师小贴士

芥末蛋黄酱也可以用来制作三明治或作为沙拉酱搭配土豆食用。

2 在每一个鸟巢中间放上一个鹌鹑蛋，再用蚕豆装饰即可。

日式浓汤

（用味噌调味的栗子面片与根菜）

40分钟 准备时间 + 40分钟 烹饪时间 = 1小时20分钟 总用时　★ 难度

食材 6人份

- 葱 3根
- 洋姜 300克
- 小洋葱 12根
- 小胡萝卜 12根
- 球茎茴香 1个
- 莲藕 150克
- 口蘑（提前24小时进行干燥处理）200克
- 蒜 2瓣
- 芜菁甘蓝 200克

调辅料

- 橄榄油 2汤匙
- 白味噌 4汤匙
- 栗子粉 110克
- 水 1520毫升
- 玉米淀粉 50克
- 盐 1小撮
- 丁香 6个
- 海带 15厘米（提前1小时将脱水的海带浸入水中）

变换风味

意式风情

可加入番茄和意大利小麦（可以在意大利食品超市中买到）。

更具功效

可加入笋瓜、甘薯和生姜等营养成分丰富的食物。

提前24小时准备

清洗200克口蘑，将其切成5毫米厚的薄片，切好后倒入漏勺中，控水并自然干燥。

提前1小时

将干海带泡入400毫升水中。

没有栗子粉怎么办？

可以用小麦粉或荞麦粉来代替。

干蘑菇

与新鲜蘑菇相比，干燥后的蘑菇煮出的汤味道更浓郁。

1
栗子面片

准备时间 5分钟

1 在碗中混合栗子粉、玉米淀粉和盐。

2 倒入120毫升热水,用叉子搅拌。

3 和面2分钟,将其揉成面团,包上保鲜膜,放置待用。

> **厨艺大师小贴士**
>
> 面团揉好后放置并没有其他作用,立即使用面团也可以。

2
配料

准备时间 30分钟

+ 烹饪时间 15分钟

1 将海带连同水一起倒入锅中,加热至沸腾,再小火煮15分钟。关火后放置待用。

> **厨艺大师小贴士**
>
> 海带是一种干海藻,在日式料理中非常常用。它含有一定量的维生素B_{12},对于素食者来说是理想的食材。

2 洗净所有蔬菜,注意洋姜要用刷子刷干净。

厨艺大师小贴士

为了让熬出的汤风味更加浓郁,最好不要去掉洋姜的皮(蔬菜尽量选择有机的)。

3 将蒜瓣去皮、除芽、切片,去除小洋葱根部,从底部切"十"字形,将丁香插入小洋葱中。

4 将3根小胡萝卜切成两半,其他小胡萝卜切圆片。

5 将芜菁甘蓝连同部分缨一起切片。

6 将球茎茴香切成小块。

7 葱切葱花。

8 莲藕去皮、切片,洋姜切成5毫米厚的薄片后泡入水中,但烹调前要沥干水分。

3

制作浓汤

准备时间
5分钟

+ 烹饪时间 25分钟

1 将橄榄油倒入炖锅中,加入蒜,小火煎出香味。

2 加入胡萝卜片，中火炒制。

3 加入小洋葱、球茎茴香、芜菁甘蓝、洋姜和口蘑，一起翻炒两三分钟，并不断搅拌。

4 从水中取出海带，切成细丝，将浸泡海带的水倒入炖锅中。

5 将切好的海带放入炖锅中，再加入1升水，小火煮10分钟，注意在煮的过程中要不断撇去浮沫。

6 加入切成两半的小胡萝卜和藕片。

7 制作面片：取出圆面团，搓出一个个小圆球，并用手指压扁成面片。

8 将做好的栗子面片放入炖锅中，继续煮10分钟。

9 将白味噌放入大汤匙中，加水将其调匀，再撒上葱，轻轻地搅拌均匀即可。

厨艺大师小贴士

味噌的含盐度取决于其种类和生产厂家，因此，在使用前要确认它的含盐度并适当调整盐的用量。

豆腐布利尼饼与洋姜沙拉

(豆腐绿橄榄饼和洋姜沙拉)

食材
6人份

- 欧芹 2根
- 金橘 6个
- 细叶芹 3根
- 洋姜 300克
- 甜洋葱 1/2个
- 蒜 1/2瓣

调辅料

- 橄榄油 3汤匙
- 橙油 2汤匙（见第171页）
- 酱油 1咖啡匙
- 去核绿橄榄 12个
- 埃斯佩莱特辣椒 1咖啡匙
- 鸡蛋 1个
- 玉米淀粉 2汤匙
- 南豆腐 200克
- 精盐 1/2咖啡匙
- 马尔顿海盐 1咖啡匙
- 白胡椒 1小撮

变换风味

更辛辣
在淀粉糊中加入咖喱粉。

颜色更丰富
加入红辣椒和黄辣椒。

洋姜

洋姜退出人们的视野很久后，在近几年又开始流行起来，我们在果蔬市场很容易就能买到。洋姜的烹调方式有很多种，可以炖、炒或做成泥等。它富含植物纤维，有利于肠道消化，同时又是铁和维生素B_1的重要来源，常吃有预防糖尿病和心血管疾病的辅助功能。

没有绿橄榄怎么办？

可以用刺山柑花蕾来代替。

没有橙油怎么办？

可以用核桃油或榛子油来代替。

1

豆腐面糊

准备时间 15分钟

+ 等待时间 15分钟

1 将南豆腐放在滤勺中。

2 在豆腐上放一个碟子,再压上一个保鲜盒,沥水15分钟。

3 豆腐沥水期间,将甜洋葱切碎。

4 将6个绿橄榄切碎。

5 将另外6个绿橄榄切成圆片,放置待用。

6 欧芹洗净、切碎,蒜瓣擦成碎末。

7 在碗中混合豆腐、鸡蛋、玉米淀粉、1汤匙橄榄油、酱油、精盐和白胡椒,用电动搅拌器搅拌成糊状。

8 加入切碎的甜洋葱、绿橄榄、碎欧芹和蒜末。

厨艺大师小贴士

严格的素食者可以用奇亚籽来代替食谱中的鸡蛋（1汤匙奇亚籽可以替换1个鸡蛋）。奇亚籽同鸡蛋一样，可保持面糊的黏性。

9 做好的面糊包上保鲜膜，放入冰箱冷藏。

2

洋姜沙拉

准备时间 15分钟

1 洋姜去皮后用切片器擦成薄片。

2 在冷水中浸泡15分钟，沥干水分。

厨艺大师小贴士

将洋姜浸入冷水中是为了防止变黑，同时使洋姜口感更脆。

3 将细叶芹的叶子摘下，待用。

4 金橘洗净后切成圆片。

5 在沙拉盆中混合洋姜片和金橘片。

3

布利尼饼

准备时间 10分钟

+ 烹饪时间 15分钟

1 平底锅中慢慢倒入2汤匙橄榄油,中火加热。

2 用汤匙舀起面糊倒入平底锅中,做出三四个圆形面饼,在上面放上几个圆形橄榄片。

3 在每个面饼上装饰少许欧芹叶。

4 煎2分钟,待面饼不再粘锅并呈金黄色为止。翻转布利尼饼,煎另一面。

5 将做好的布利尼饼放入盘中,用同样的方法制作余下的小圆饼,直到将面糊用完。

6 在洋姜沙拉中加入2汤匙橙油和马尔顿海盐。

7 将做好的沙拉放在大碗中并用细叶芹装饰。

8 最后在布利尼饼上撒上少量埃斯佩莱特辣椒即可上桌。

荞麦面沙拉

（荞麦面条和煎豆腐）

40分钟 + 20分钟 + 15分钟 = 1小时15分钟　★★

准备时间　烹饪时间　等待时间　总用时　难度

食材
6人份

多种生菜和香草植物的混合菜 120克（如苣荬菜、苦苣、水田荠和菊苣等）
生姜 20克
蒜 1/2瓣
牛油果 1个
苹果（澳洲青苹）100克
洋葱 40克
胡萝卜 1根

调辅料

橄榄油3汤匙
米醋2汤匙
酱油80毫升
苹果汁60毫升
荞麦面条420克

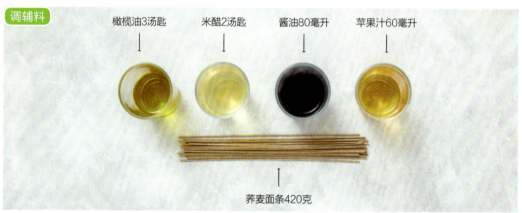

玉米淀粉40克
北豆腐500克
干海带20克
白芝麻粒3汤匙

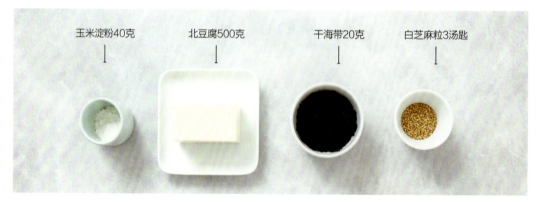

变换风味

体积更大
用乌冬面代替荞麦面。

更热
用炒过的蔬菜代替生蔬菜：如胡萝卜、芹菜、西葫芦等。

多功能调味汁
多功能调味汁可以用于蔬菜、鱼和肉类的调味，在阴凉处可以保存1周。

传统的荞麦面调味汁
在商店里我们能找到现成的荞麦面调味汁——日式面露汁。

没有米醋怎么办？
可以用苹果醋或纯粮醋来代替。

米醋
日本米醋带有淡淡的甜味，与葡萄酒醋相比，米醋的涩味要淡一些。

1
准备豆腐

准备时间 5分钟

豆腐切成1厘米厚的方块,切好后放在吸水纸上,放置待用。

2
多功能酱料

准备时间 10分钟

1 将洋葱、生姜、苹果、蒜分别去皮,擦碎后混合。

2 将混合物倒入一个广口瓶中,加入米醋、酱油、苹果汁,常温保存。

厨艺大师小贴士

如果可能的话,可提前做好调味汁,放置两三天,这样蒜和洋葱的味道不会特别刺激。

3
蔬菜和面条

准备时间 15分钟

+ 烹饪时间 10分钟   + 等待时间 15分钟

1 胡萝卜洗净、去皮,刮成丝状。

2 先将干海带放在水中浸泡15分钟,再拿出沥干水分。

3 将多种生菜和香草植物的混合菜洗净后沥干水分。

4 牛油果去皮，切成厚约7毫米的小块，包上保鲜膜后放在阴凉处。

5 白芝麻粒倒入平底锅中，锅中不要放油，大火翻炒。

6 根据包装上的说明煮熟荞麦面条。

厨艺大师小贴士

在煮荞麦面条时，加入半杯冷水，可防止锅里的水溢出。面条最好煮得筋道、有嚼劲，也可按自己喜好决定。

7 将煮好的面条沥水后用冷水冲一会儿。

4
煎豆腐

准备时间 10分钟

+ 烹饪时间 10分钟

1 煮荞麦面条的同时，在平底锅中倒入1汤匙橄榄油，加热。

2 将玉米淀粉和豆腐块放在塑料袋中，封住袋口并摇动，让豆腐表面沾满玉米淀粉。

厨艺大师小贴士

给豆腐裹玉米淀粉时，用塑料袋非常便捷，并且无需清洗盘子。但在操作时，袋口一定不能漏气，应尽量保持塑料袋充气的状态。

3 取出豆腐块，去掉多余的玉米淀粉，将豆腐一块一块放入加热好的平底锅中。

4 将豆腐的两面都煎至金黄，在煎制过程中逐渐加入剩下的橄榄油。

厨艺大师小贴士

使用芝麻油会让菜品风味更佳。

5 煎好的豆腐块放在烤网上，沥除多余的油。

6 将煮好的荞麦面条分别放在6个碗中，蔬菜也分成6份。

7 在荞麦面条和蔬菜上加入煎豆腐，撒上炒过的白芝麻粒。

8 将调味汁倒入料碗中。

9 在每个碗中都加入少量的调味汁，剩下的调味汁留在料碗中即可。

葛根汤

（豆腐、毛豆葛根汤）

- 准备时间：45分钟
- 烹饪时间：25分钟
- 总用时：1小时10分钟
- 难度：★

变换风味

红色的汤
在汤里加入番茄和辣椒的浓缩汁。

橘黄色的汤
在汤里加入咖喱粉或孜然粉。

葛根

葛根是一种亚洲山地植物，其根部可用来提取葛根粉，用途与玉米淀粉类似。葛根有助于降低罹患心血管疾病的风险，并可缓解更年期症状，中医也将其用于治疗糖尿病。

香菇

我们也可以在这道汤中加入香菇。将香菇洗净、切片，并晾干（约晾半天），干燥后的香菇煮出的汤，味道更浓郁。

没有葛根粉怎么办？

可用玉米淀粉代替。

没有鸡蛋怎么办？

可用30克葛根粉和3汤匙水代替。

毛豆

毛豆豆荚上有一层细毛，毛豆被包裹在豆荚壳里边，其富含蛋白质和膳食纤维。

1 豆腐球

准备时间 20分钟

+ 烹饪时间 15分钟

1 将速冻熟毛豆剥去外壳。

2 在大碗中混合沥干水的豆腐、鸡蛋、50毫升蔬菜汤、3咖啡匙酱油和盐,并用电动搅拌器搅拌。

3 剪出一块边长30厘米的正方形保鲜膜,将保鲜膜的中心铺入小碗中。

4 用汤匙将搅拌好的豆腐浆舀入小碗中,再加入1汤匙毛豆。

5 将保鲜膜各边束紧,用皮筋绑住,尽量使保鲜膜中的豆腐浆呈圆形,制成豆腐球。

6 用同样的方法再制作5个豆腐球。

7 将包有保鲜膜的豆腐球放入沸水中煮15分钟。

8 关火,让豆腐球留在水中。

2

蔬菜

准备时间 15分钟

1 荷兰豆洗净，斜切成小段。

2 芦笋洗净，用削皮器将其根部较硬的部分去除。

3 将芦笋斜切成小段。

4 口蘑洗净、切片。

5 生姜洗净、去皮，切成细丝。

3

汤

准备时间 5分钟

+ 烹饪时间 10分钟

1 将1200毫升蔬菜汤倒入锅中。

2 蔬菜汤煮沸，倒入切好的口蘑煮2分钟。

3 放入荷兰豆和芦笋，继续煮2分钟。

4 在小碗中混合葛根粉和2汤匙水。

厨艺大师小贴士

葛根粉必须放入冷水中，否则会变硬。

5 将葛根粉和水的混合物倒入锅中并搅拌，直至汤变为半透明状。

4

葛根豆腐汤

准备时间
5分钟

1 豆腐球放在碗中，剪开束口并取下保鲜膜。

2 将汤倒在放豆腐球的碗中。

3 加入姜丝和剩下的毛豆。

4 加入少量细叶芹后即可上桌。

多彩西班牙比萨

（夏日薄皮比萨）

55分钟	+	15分钟	+	5小时15分钟	=	6小时25分钟	★★
准备时间		烹饪时间		等待时间		总用时	难度

食材 2人份

- 芝麻菜 90克
- 蒜 1/2瓣
- 番茄 黄番茄2个+绿番茄1个
- 小甜椒 6个
- 迷迭香 1枝
- 西葫芦 1个
- 刺山柑花蕾 20克
- 有机斯佩尔特小麦粉 275克
- 南瓜子 3汤匙
- 去核绿橄榄 40克

调辅料

- 精盐 6克
- 胡椒粉 1小撮
- 橄榄油 230毫升
- 冷水 150毫升
- 有机面包鲜酵母 4克
- 青椒油（见第171页）适量

变换风味

制作沙拉
将配菜中熟的蔬菜换成切好的生菜，蔬菜要用香醋浸泡过。

更多蛋白质
加入小块的北豆腐和熟鹰嘴豆。

西班牙比萨

这是一款西班牙比萨，口味咸甜皆可。在西班牙的一些地区，人们会将比萨面饼擀得很精细，这种比萨不加奶酪，比普通比萨要薄。

没有鲜酵母怎么办？

用5克有机酵母粉来代替。

1

西班牙比萨面饼

准备时间
20分钟

+ 等待时间 5小时15分钟

1 将有机斯佩尔特小麦粉过筛,与4克精盐一起放入沙拉盆中。

2 从150毫升冷水中舀出2汤匙倒入小碗中,将酵母倒入水中。

3 将化开的酵母倒在面粉堆的中间,倒入剩下的水和15毫升橄榄油,开始和面。

4 和面15分钟:用拳头挤压面团,压开面团后再折叠,重复这一动作至面团表面变得光滑。

厨艺大师小贴士

如果面团太干,在和面过程中要分多次加少量冷水。最终揉出的面团要均匀且光滑。

5 揉好面团,用湿布盖住,室温下放置15分钟。

6 将面团放在砧板上,拍打面团以去除空气,然后均匀地将面团分成两块。

7 在托盘上撒些面粉,将面团放入托盘中发酵,至面团体积增加1倍。

厨艺大师小贴士

面团在室温下发酵时,注意要选择阴凉的场所,不能太热,这样发酵过程才能缓慢进行。发酵的时长取决于季节和温度,一般要控制在3~5小时。

2 萨尔萨辣酱

准备时间 5分钟

在大碗中混合60克芝麻菜、迷迭香、绿橄榄、蒜、2克精盐、胡椒粉和200毫升橄榄油,并用电动搅拌器搅拌成糊状,置于阴凉处保存。

3 配菜

准备时间 15分钟

1 清洗西葫芦,切成5毫米厚的圆片。

2 将黄番茄切成5厘米厚的圆片,绿番茄切成小块。

3 小甜椒洗净,切圆片。

厨艺大师小贴士

也可以选用甜椒罐头,做出的菜品一样美味。

4 将30克芝麻菜洗净,沥水后用吸水纸将水彻底吸干。

4

烹饪

准备时间 15分钟

+ 烹饪时间 15分钟

1 将烤箱预热至250℃（8~9档），用刷子给两个烤盘刷上15毫升橄榄油。

2 往砧板上撒些面粉，揉搓面团后将其擀开，擀成厚5毫米、长30厘米、宽20厘米的面饼。

3 将擀好的两块面皮分别放入烤盘中。

4 将萨尔萨辣酱抹在面皮上。

5 再把西葫芦片、小甜椒和黄番茄片铺在面皮上。

6 放入烤箱烤10~15分钟，至面皮变得金黄、酥脆。

7 从烤箱中取出烤好的面皮，撒上洗净、沥干水分的芝麻菜、小块绿番茄和南瓜子。

8 配上青椒油即可上桌。

松脆腌根菜

（腌根菜、红小扁豆和藜麦）

50分钟 准备时间 + 45分钟 烹饪时间 = 1小时35分钟 总用时　★ 难度

食材 **6人份**

- 蒜 1/2瓣
- 薄荷 1/2把
- 4种颜色的萝卜 900克
- 青葡萄 1串
- 洋姜 400克
- 欧防风 400克

调辅料

- 葡萄干 90克
- 藜麦 150克
- 苹果汁 150毫升
- 红小扁豆 150克
- 腰果 90克
- 茴香粒 1汤匙
- 胡椒粉 1小撮
- 桂皮粉 1/2咖啡匙
- 雪莉酒醋 4汤匙
- 酱油 4汤匙
- 榛子油 3汤匙

变换风味

量更大
用笋瓜、奶油南瓜和番薯代替根菜。

更适合夏天食用
用西葫芦、小甜椒、茄子代替根菜，再加入姜丝。

开胃菜
先将蔬菜切成小块，再撒上薄脆饼干，或将切好的蔬菜放在罐头中。

没有洋姜怎么办？
可以用樱桃萝卜或芜菁甘蓝来代替。

1

蔬菜

准备时间 30分钟

+ 烹饪时间 30分钟

1 将萝卜洗净、去皮，切为两半，留下部分萝卜缨用于装饰。

厨艺大师小贴士

为了充分利用蔬菜尤其是有机蔬菜的营养，在处理时，将蔬菜刷干净即可，最好不要削皮。

2 将欧防风洗净、去皮，切成长条。烤箱预热至180℃（6档）。

3 先用刷子将洋姜刷净，再进行擦洗，以保证洋姜完全清洁。

4 将洋姜切成厚约7毫米的圆片，切好的洋姜需浸泡在水中，取出沥干水分后再浸入水中，重复3次。

厨艺大师小贴士

反复浸泡、清洗洋姜可防止洋姜变黑。

5 将薄荷过水冲洗后沥干水分，摘下叶子切好待用。

6 将腰果装入塑料袋中，用擀面杖碾碎。

7 将腰果放入不粘锅中，不加油，用大火翻炒，炒好后放置待用。

8 在烤盘上铺开蔬菜，用刷子刷上榛子油，放入烤箱烤30分钟。

2

腌泡汁

准备时间
5分钟

1 把蒜擦成末。

2 在碗中混合苹果汁、雪莉酒醋、酱油、桂皮粉、胡椒粉、茴香粒和蒜末，用打蛋器搅匀。

3 从碗中舀出两勺拌好的腌泡汁，放入碗中备用（用来拌红小扁豆和藜麦），将剩余的腌泡汁倒在大托盘中。

3

配菜

准备时间
5分钟

+ 烹饪时间 15分钟

1 混合红小扁豆和藜麦，将混合物过水冲洗后沥干水分。

厨艺大师小贴士

可以用布格麦或荞麦来代替藜麦。

2 将红小扁豆和藜麦倒入锅中，加入加盐的凉水（配方外），加热15分钟。

> **厨艺大师小贴士**
>
> 在烹制红小扁豆的汤里加入香料是非常不错的选择，如加少许的月桂、百里香、迷迭香等。

4

收尾

准备时间 10分钟

1 将烤好的热蔬菜直接倒在托盘中，翻动蔬菜，使其充分吸收腌泡汁。

2 加入葡萄干。

3 加入切成两半的青葡萄和切碎的薄荷（留下1汤匙薄荷，用于红小扁豆和藜麦的调味）。

4 加入腰果。

5 沥出红小扁豆和藜麦的水分，将混合物倒入碗中，加入之前舀出来的腌泡汁和薄荷，混合并搅拌。

6 将红小扁豆、藜麦沙拉和根菜搭配食用即可。

素食千层

（土豆、西葫芦、番茄酱和大豆蛋白）

50分钟 准备时间 + 1小时35分钟 烹饪时间 = 2小时25分钟 总用时　★★ 难度

食材
6人份

蒜 2瓣　　圣女果 8个　　番茄（熟透）800克　　洋葱 400克

口蘑 300克　　胡萝卜 3根　　土豆 800克　　细叶芹 五六根

西葫芦 3个

调辅料

橄榄油 7汤匙　　大豆蛋白 200克　　胡椒粉 适量　　盐 适量

变换风味

颜色更白
用贝夏梅尔调味酱和豆浆来代替番茄酱。

颜色更绿
加入蔬菜蒜泥浓汤（见第105页）

制作更快捷
可以直接使用番茄酱。

没有大豆蛋白怎么办？
用北豆腐代替。

1 番茄酱

准备时间 15分钟

+ 烹饪时间 55分钟

1 先将大蒜去皮、除芽,洋葱去皮,再分别切碎。

2 将3汤匙橄榄油倒入炖锅中,放入蒜末,小火加热,加入洋葱,中火煸炒5分钟。

3 将番茄洗净后切成小块。

厨艺大师小贴士

为了充分利用番茄中具有抗氧化功效的番茄红素,我们需使用完整的番茄,不要去皮。

4 锅中加入番茄,炖煮30分钟,其间要不断搅拌。

5 把大豆蛋白在沸水中煮15分钟,沥干水分后再次冲洗,重新沥水并干燥。

厨艺大师小贴士

烤制和冲洗大豆蛋白都可以去除豆腥味,处理过的大豆蛋白吃起来口感跟肉差不多。

6 将大豆蛋白和1汤匙橄榄油倒入平底锅中,大火翻炒后放置待用。

7 将炒好的大豆蛋白倒入番茄酱中，继续炖煮3分钟后放置待用。

2

配菜

准备时间 20分钟

+ 烹饪时间 15分钟

1 土豆洗净、去皮，用切片器将土豆切成厚2毫米的薄片。

2 将土豆片浸入水中，避免变黑。使用前沥水。

3 口蘑洗干净后切成厚5毫米的薄片。

4 在锅中倒入口蘑和1/2汤匙橄榄油，用中火翻炒，炒好后盛出放置待用。锅中另加1/2汤匙橄榄油，加入土豆片后中火翻炒。

5 向锅中倒入3汤匙水（配方外），焖5分钟左右，然后放入适量胡椒粉和盐。

6 胡萝卜去皮，用切片器切成厚2毫米的长条。

7 将胡萝卜放入锅中，加水将其浸没，煮5分钟后沥干水待用。

厨艺大师小贴士

注意，胡萝卜千万不要煮得太过，要保证其清脆的口感。

8 西葫芦洗净，像胡萝卜一样切片后放置待用。将烤箱预热至200℃（6~7档）。

3

千层

准备时间 15分钟

+ 烹饪时间 25分钟

1 给托盘刷上1汤匙橄榄油，制作千层：先铺一层土豆片，倒上番茄酱，再放入西葫芦片。

2 铺上一层胡萝卜片，加入炒好的口蘑，再铺一层番茄酱。

3 铺上土豆片，做出第二层，交错铺好西葫芦片和胡萝卜片。

4 将千层表面刷上1汤匙橄榄油，大约烤20分钟。

5 在千层表面装饰上圣女果，再放入烤箱烤四五分钟。

6 将素食千层从烤箱中取出，撒上细叶芹即可。

田园焗菜

（焗西蓝花、金橘、豆乳）

15分钟 + 20分钟 = 35分钟　★

准备时间　烹饪时间　总用时　难度

食材
4~6人份

金橘 120克

西蓝花2个

胡椒粉 适量

盐 1咖啡匙

热水 2汤匙

豆乳 300毫升

有机蔬菜浓汤宝 1块

调辅料

埃文达奶酪 130克

鸡蛋 3个

变换风味

秋天和冬天时
可以用茶花和做熟的笋瓜来代替西蓝花。

春天时
可以选用芦笋、蚕豆或菜花。

西蓝花的功效

西蓝花富含维生素C（含量是柠檬的2倍）、胡萝卜素、膳食纤维、蛋白质、矿物质和抗氧化剂，常吃有助延缓衰老、保护视力，并具有一定的抗癌功效。注意：如果用沸水煮西蓝花，其抗癌成分会减少70%，最好采用蒸或焖的烹饪方法。

更适合乳素食者或蛋素食者
可以不加鸡蛋或奶酪。

没有金橘怎么办？

可以用橙皮来代替。

金橘

金橘是柑橘类水果，原产于亚洲。金橘富含维生素C、钾、钙和镁。法国中部和意大利都适宜种植金橘。通常我们可以用金橘制作果酱、蛋糕、冰糕等，十分美味。

1
准备配料

准备时间 10分钟

+ 烹饪时间 5分钟

1 将西蓝花洗净后切成小朵。

2 放在笼上蒸5分钟（蒸好后必须还是脆的），沥干水分。

3 金橘切成小圆片，烤箱预热至200℃（6~7档）。

2
准备和制作焗菜

准备时间 5分钟

+ 烹饪时间 15分钟

1 在碗中，用2汤匙热水稀释蔬菜浓汤宝，加入豆乳、少许盐、鸡蛋和胡椒，充分混合制成调味酱。

2 将切好的西蓝花一朵一朵依次摆在托盘中，倒入调味酱。

3 撒上刨碎的埃文达奶酪和一半金橘片，放入烤箱烤10~15分钟。

4 烤好后，放入剩下的金橘片即可。

活力咖喱饭

（咖喱大豆蛋白、一粒小麦和普通小麦）

准备时间 30分钟 + 烹饪时间 1小时45分钟 = 总用时 2小时15分钟　难度 ★

食材 6人份

- 蒜 2瓣
- 苹果 1个
- 生姜 30克
- 圣女果 12个
- 圆生菜 200克
- 洋葱 500克
- 胡萝卜 2根
- 番茄 360克
- 月桂叶 2片

调辅料

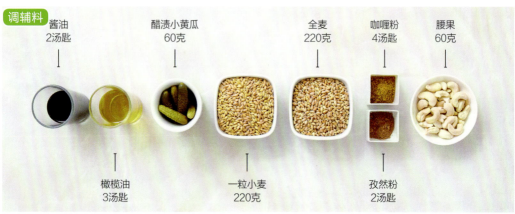

- 酱油 2汤匙
- 橄榄油 3汤匙
- 醋渍小黄瓜 60克
- 一粒小麦 220克
- 全麦 220克
- 咖喱粉 4汤匙
- 孜然粉 2汤匙
- 腰果 60克

- 金色葡萄干 60克
- 水 600毫升
- 赤味噌 3汤匙
- 大豆蛋白 150克
- 褐砂糖 1汤匙
- 醋渍小洋葱 60克

变换风味

涂面包片
将这种咖喱酱涂在面包片上会非常美味。

更具夏日风味
在酱料中加入茄子、西葫芦和烤番茄。

大豆蛋白
因为大豆蛋白的口感和肉相似,所以在很多素食食谱中,用大豆蛋白代替肉。

没有小麦怎么办?
可用大米来代替,如粳米、糙米、长粒香米、籼米等。

1

一粒小麦和全麦的制作

准备时间 5分钟

+ 烹饪时间 45分钟

1 将一粒小麦和全麦清洗干净。

2 将小麦粒全部放入炖锅中，加入3倍的水（配方外），煮沸。以小火继续煮45分钟。

3 沥干麦粒上的水分后，重新放入炖锅中。

厨艺大师小贴士

提前将小麦粒在水中浸泡6小时，这样可以缩短烹饪时间，口味也会更佳。

2

大豆蛋白

准备时间 5分钟

+ 烹饪时间 10分钟

1 将大豆蛋白放入沸水（配方外）中煮10分钟。

2 沥干水分后再用水冲洗，并放入滤勺中。

厨艺大师小贴士

通过水煮去掉豆腥味后，我们就可以将大豆蛋白用在多个食谱中，如煎炒类、炖菜和千层面等，用来代替肉类。

3 咖喱

准备时间 15分钟
+ 烹饪时间 50分钟

1 将蒜和姜去皮后切碎，洋葱、胡萝卜洗净后去皮切碎。

2 苹果去皮后擦成小块。

3 将番茄洗净后切成小块。

4 在炖锅中加热2汤匙橄榄油，放入蒜和生姜末，用小火煎。

5 放入大豆蛋白翻炒。

6 放入洋葱和胡萝卜，以中火炒两三分钟。

7 倒入所有咖喱粉和孜然粉，再加入1汤匙橄榄油，搅拌均匀。

厨艺大师小贴士

如果希望口味淡一些，可以加入椰奶，这样做出的调味汁更加醇厚，味道也没有那么辛辣。

8 放入番茄、苹果、酱油、赤味噌、褐砂糖、月桂叶和600毫升水。

9 盖上炖锅的锅盖，煮30分钟，其间如果有浮沫，要撇去。取下锅盖后，以中火再煮5分钟。

4

配菜

准备时间
5分钟

1 清洗圣女果，放入碗中备用；圆生菜清洗并切碎，放在漏勺中。

2 将葡萄干、醋渍小黄瓜、醋渍小洋葱和腰果放在小碟子中。

厨艺大师小贴士

咖喱被用在很多食谱中，在印度菜、欧洲菜、泰国菜和日本菜中经常看到它的身影。

厨艺大师小贴士

我们也可以在咖喱酱中加入杧果酸辣酱和洋葱。

3 将煮熟的两种小麦放入盘中，在上面放上圆生菜。

4 倒上咖喱酱，在每个盘子里放上2个圣女果，与其他4种配菜一起上桌即可。

什锦蔬菜饭

（布格麦、腌菜和丹贝）

25分钟 准备时间 + 30分钟 烹饪时间 + 30分钟 等待时间 = 1小时25分钟 总用时　★ 难度

食材
6人份

西葫芦 2个 | 小胡萝卜 1捆 | 茄子 1个
红尖椒 2个 | 韭葱 1根

调辅料

水 1100毫升 | 丹贝 200克 | 龙舌兰糖浆 2汤匙 | 酱油 100毫升
海带 5克（要提前泡水，请注意框内的提示"提前1小时"） | 芝麻油 4汤匙

枸杞 2汤匙 | 大粒布格麦 400克 | 速冻熟毛豆 200克 | 苹果汁 200毫升

变换风味

量更大
可以加入笋瓜和做熟的甘薯。

更辛辣
在腌泡汁中加入生姜、蒜、辣椒或哈里萨辣椒酱。

 提前1小时
将海带浸入100毫升水中。

日本传统菜肴
铁火丼（缩写为"丼"），是一种在日本非常常见的美食，一般用大碗装，下面是米饭，上面盖有鱼、肉、蔬菜等不同的食材。因其烹饪简单，并且又有很多花样，所以非常流行。

1
布格麦的制作

准备时间 2分钟

+ 烹饪时间 10分钟　+ 等待时间 15分钟

1 将布格麦和1000毫升水倒入锅中。

2 以大火煮沸后,再继续煮3分钟,然后盖上锅盖,调至中火煮10分钟。

3 将锅离火后放置15分钟,其间不要打开锅盖,直至布格麦吸收了所有水分。

厨艺大师小贴士

有多种方法可以烹制布格麦,不同的食谱有不同的做法,如用平底锅烹制、做成烩饭、加入油或放入蔬菜浓汤中煮等。

2
制作蔬菜

准备时间 15分钟

+ 等待时间 15分钟

1 将茄子洗净后切成半圆形薄片,在水中泡10分钟,然后用吸水纸干燥。

2 将小胡萝卜洗净后去皮,6根小胡萝卜顶部分保留缨,其他小胡萝卜切片,厚3毫米。

3 将西葫芦洗净后切成厚1厘米的圆片。

4 红尖椒洗净后切条。

5 韭葱洗净、去皮,葱白切成5厘米的长条,再将长条切为两半。

6 将葱白切成细丝后泡入冷水中,再用吸水纸干燥。

7 葱绿切成3厘米的长段。

8 将毛豆解冻,冲水洗净后沥水3分钟,之后立即剥去豆荚。

9 丹贝切成1厘米厚的圆片。

3
腌泡汁

准备时间 3分钟

+ 烹饪时间 5分钟

在锅中混合酱油、苹果汁、龙舌兰糖浆、海带和浸泡海带的水,加热至沸腾后以小火煮3分钟。

厨艺大师小贴士

这种腌泡汁也可以用于烤蔬菜和炒菜。您可以按自己的口味,将龙舌兰糖浆换成蜂蜜。

4

腌渍蔬菜

准备时间 5分钟

+ 烹饪时间 15分钟

1 加热烤架,在其上面放入茄子,并在茄子上刷些芝麻油。烤好后,将茄子浸入腌泡汁中。

厨艺大师小贴士

我们也可以将蔬菜放在平底锅中煎,或者用油炸。

2 用同样的方法烹制小胡萝卜片、丹贝、西葫芦、红尖椒、未切片的小胡萝卜和葱绿。

3 依次将所有蔬菜泡入腌泡汁中,均匀混合。

厨艺大师小贴士

在这道菜肴中,蔬菜腌泡的时间较短,我们也可以在蔬菜上倒上醋,再继续腌渍2小时,腌好的蔬菜既可以作前菜,也可以作开胃菜。

4 舀出热的布格麦,倒入碗中。

5 将腌好的蔬菜盖在饭上。

6 撒上切好的细葱白、枸杞和毛豆。

蔬菜天妇罗

（豆腐馅天妇罗和三草沙拉配柠檬汁）

50分钟	+	15分钟	+	4小时10分钟	=	5小时15分钟	★★★
准备时间		烹饪时间		等待时间		总用时	难度

75

食材 6人份

- 龙蒿 1把
- 香菜 1把
- 西葫芦 2个
- 茄子 1个
- 细叶芹 1把
- 有机柠檬 1个

调辅料

- 酱油 1咖啡匙
- 水 215毫升
- 菜籽油 1015毫升
- 番茄干 40克
- 埃斯佩莱特辣椒 1/2咖啡匙
- 青海苔（干粉状绿藻）1汤匙
- 鸡蛋 2个
- 玉米淀粉 24克
- 面粉（法国T45）110克
- 芝麻粒 1汤匙
- 盐 1汤匙
- 南豆腐 400克

变换风味

不加鸡蛋
可以用1汤匙打碎的亚麻子混合3汤匙水来代替。

更具日式风味
可以搭配酱油食用。

提前3小时
制作腌柠檬和加盐的柠檬汁，用以制作酱料。

提前2小时
将用来制作天妇罗的配料和容器放于阴凉处，包括面粉、玉米淀粉、鸡蛋、水和碗。

青海苔

青海苔是一种干粉状的绿藻，是日本饮食中常用的一种调味料。青海苔含有维生素B$_{12}$、氨基酸，以及钙、镁、锂等元素，能够为素食者提供必需的营养元素。

1 腌柠檬

准备时间 3分钟

+ 等待时间 3小时

将柠檬洗净、擦干、切片后放在广口瓶中,加入1汤匙盐,充分混合,于阴凉处放置3小时。

> **厨艺大师小贴士**
>
> 在柠檬上撒盐浸渍3小时,提取柠檬汁后将柠檬切碎,可用于酸醋调味汁、沙拉或汤的调味。

2 豆腐

准备时间 2分钟

+ 等待时间 1小时

将滤锅放在大碗中,豆腐放在滤锅上,在豆腐上压上碟子和杯子之类的容器,用于豆腐沥水,放置1小时。

3 蔬菜和豆腐馅

准备时间 20分钟

+ 等待时间 10分钟

1 茄子洗净后切成1厘米厚的圆片,放入水中浸泡10分钟后沥干水分。用同样的方法准备西葫芦。

2 将细叶芹和香菜洗净并切碎,龙蒿分拣、去梗,两片腌柠檬切碎,放置待用。

3 将番茄干切碎。

4 在碗中混合豆腐、1个鸡蛋、1咖啡匙酱油和1咖啡匙玉米淀粉，并用打蛋器搅拌均匀。加入切碎的番茄干，包上保鲜膜，放于阴凉处保存。

厨艺大师小贴士

如果没有鸡蛋或不爱吃鸡蛋者，可多加一些玉米淀粉用于保持黏性。

4

天妇罗

准备时间 20分钟

+ 烹饪时间 15分钟

1 西葫芦片和茄子片两面都沾上面粉，大约用面粉30克。

2 在锅中加热1000毫升菜籽油至170℃。

3 在一片西葫芦上放上1汤匙豆腐填馅，压平后再放上另一片西葫芦。重复以上步骤，待西葫芦片用完后，再用茄子片来制作。

4 在碗中混合200毫升水和1个鸡蛋，用打蛋器搅拌均匀。

5 将80克面粉和20克玉米淀粉过筛，加入青海苔，一同放入冷的容器中。

厨艺大师小贴士

严格的素食主义者在制作面糊时可以不加鸡蛋。

6 将鸡蛋和水倒入装有面粉和玉米淀粉的容器中，用打蛋器搅拌。

> **厨艺大师小贴士**
>
> 将面糊放在冷的容器中保冷是为了制造出"热冲"效果，这样炸出的面糊会变得非常酥脆。不要将面糊放在热锅的旁边，以防面糊变热，也不要过分搅拌面糊，那样会变得黏而稠厚。

7 用叉子或筷子给西葫芦片和茄子片裹上面糊，裹好后油炸。

> **厨艺大师小贴士**
>
> 在炸制过程中要注意听和看！如果听到较高的煎炸声或看到热油中冒出较大的气泡，都说明蔬菜还没有炸透（即内部还有很多汁水）。

8 夹出炸好的蔬菜，在烤网上沥干油后放在吸油纸上。

5 三草沙拉

准备时间 5分钟

1 在小碗中混合1汤匙加盐的柠檬汁和15毫升水，制作调味汁。

2 在沙拉盆中混合细叶芹、香菜、龙蒿、切碎的腌柠檬、芝麻粒和15毫升菜籽油。

3 将蔬菜天妇罗摆盘，加入少量的三草沙拉，撒上埃斯佩莱特辣椒，搭配柠檬调味汁食用即可。

丛林土豆派

（土豆泥、牛肝菌和香菇）

45分钟 准备时间 + 45分钟 烹饪时间 = 1小时30分钟 总用时　★ 难度

食材
6人份

香芹 1/4把
胡萝卜 40克
黄甜椒 1/2个
蒜 2瓣

土豆 2千克
牛肝菌 300克
香菇 150克
洋葱 400克

调辅料

核桃油 7汤匙
豆浆 100毫升
盐 1咖啡匙
马达加斯加野生胡椒 2咖啡匙

变换风味

意大利风情
加入番茄酱和小叶薄荷。

焗土豆泥
撒上格鲁耶尔干酪丝和面包糠。

核桃油

核桃油富含欧米伽3和欧米伽6脂肪酸及维生素E，常吃能够保护神经系统，还可以帮助降低血液中胆醇含量。第一道冷榨出的核桃油质量最好。

蘑菇的功效

蘑菇富含膳食纤维、蛋白质、矿物质和B族维生素，干燥并切片后的蘑菇和鲜蘑菇一样可以做出鲜美的汤。

没有牛肝菌怎么办？

可用口蘑或其他蘑菇来代替。

没有切模怎么办？

可以将蔬菜切成丝。

1

准备蔬菜

准备时间
25分钟

+ 烹饪时间 15分钟

1 土豆洗净后去皮，切成均匀的小块。

2 将土豆块放入水中煮，水量要大，并加入少许盐。

3 用切片器将胡萝卜切成2毫米厚的薄片，用切模将胡萝卜片切出树叶形状。

4 将半个黄甜椒洗净、去子，有果肉的一面朝上，用切模切出树叶形状。

厨艺大师小贴士

为了不造成任何浪费，可将切模切剩的多余黄甜椒和胡萝卜切碎，加在嫩煎蘑菇丁中，或用来煮蔬菜汤（见第95页）。

5 牛肝菌洗净后用吸水纸干燥，刮净牛肝菌的梗。

6 将2个牛肝菌和2个香菇连梗一起切片，切好后放置待用。

7 洋葱和蒜去皮、切碎，香芹和剩余的牛肝菌切碎。

2 土豆泥

准备时间 5分钟

1 将土豆煮好后放在滤锅中沥水。

2 用捣菜泥器将热的土豆块压成泥。

3 往土豆泥中加入豆浆、3汤匙核桃油和少许盐,用锅铲不停搅拌。

3 嫩煎蘑菇丁

准备时间 10分钟

+ 烹饪时间 10分钟

1 将3汤匙核桃油倒入平底锅中,放入切碎的蒜,以小火煸炒2分钟。

厨艺大师小贴士

为了让蒜香很好地浸入油中,我们应将冷锅慢慢加热,如果火太大,蒜会焦,油也会因此带有苦味。

2 加入洋葱,以中火煸炒5分钟。同时将烤箱预热至200℃(6~7档)。

3 加入蘑菇丁,煸炒5分钟,其间要不断翻炒,最后加入一半切碎的香芹。

4 在研钵中捣碎马达加斯加野生胡椒，向嫩煎蘑菇丁中加少许盐和1咖啡匙胡椒，混合并搅拌后倒入托盘中。

厨艺大师小贴士

马达加斯加野生胡椒生长于荫蔽的树林中。胡椒粒有果味，辛辣味不明显而香味浓郁。烹饪菜肴时，一般最后加入胡椒，这样可以慢慢享受它的味道与香氛。

5 在做过嫩煎蘑菇丁的锅中倒入1汤匙核桃油，加少量盐，将用作装饰的食材（香菇、牛肝菌、胡萝卜和黄甜椒）放入锅中翻炒。

4
土豆派

准备时间 5分钟

+ 烹饪时间 20分钟

1 将嫩煎蘑菇丁均匀地铺在托盘中，土豆泥盖在上面。

2 放入烤箱烤15~20分钟。

厨艺大师小贴士

这个食谱口味清淡又简单。如果您想让它变得更加美味，可以再放些面包糠和黄油。

3 将托盘从烤箱中取出，在土豆泥上面放装饰的食材，摆放要美观。

4 最后，撒上剩余的香芹和1咖啡匙马达加斯加野生胡椒即可。

春日西班牙式什锦饭

（时蔬鲜果杂烩饭）

50分钟 + 50分钟 + 10小时15分钟 = 11小时55分钟　★★

准备时间　烹饪时间　等待时间　总用时　难度

食材 6人份

- 月桂叶 2片
- 橙子 1个
- 口蘑 120克
- 抱子甘蓝 300克
- 黄甜椒 1个
- 香芹 1/4把
- 小洋葱 1捆
- 荷兰豆 150克
- 蒜 2瓣
- 小胡萝卜 1捆

调辅料

- 橄榄油 5汤匙
- 圆粒糙米 450克
- 盐 1咖啡匙
- 小米 3汤匙
- 蔬菜汤（见第95页）745毫升（或用745毫升水加1块有机蔬菜浓汤宝）
- 番茄干 20克
- 姜黄 1咖啡匙
- 茴香粒 1汤匙

变换风味

更有夏天的感觉
用西葫芦和茄子代替胡萝卜和抱子甘蓝。

加面
用长通心粉代替圆粒糙米。

更快速

可用粳米代替圆粒糙米，粳米无需在水中长时间浸泡。

没有圆粒糙米怎么办？

可用长粒香米或籼米代替。

1
米

准备时间 5分钟

+ 等待时间 10小时

1 在制作什锦饭的前一天晚上，仔细地将圆粒糙米洗净，换水两三次并沥干水分。

2 将圆粒糙米倒入沙拉盆中，加入大量的水，将米浸泡一整晚。

厨艺大师小贴士

圆粒糙米经过浸泡后能够缩短烹饪时间。如果没有事先浸泡，也可以直接煮米，那样烹饪时间要延长，并且使用的水量也要调整。

2
准备蔬菜

准备时间 15分钟

1 小胡萝卜洗净后去皮，或将外皮刷干净，从小胡萝卜的1/3处将其斜切为两半。带缨的一半放置待用，较长的一半斜切成片。

2 小洋葱去皮，将葱苗切碎，小洋葱切成两半。

3 口蘑洗净后切片。

4 番茄干切碎，大蒜去皮后切碎。

3

烹制什锦饭

准备时间 30分钟

+ 烹饪时间 50分钟 + 等待时间 15分钟

1 将1汤匙橄榄油倒入炖锅中，放入蒜末，以小火煸炒。

2 放入小洋葱苗，以中火炒几分钟。

3 加入口蘑片、胡萝卜片和1汤匙橄榄油后继续炒，炒制过程中要不停搅拌。

4 小米洗净，和圆粒糙米一起沥干水分，将米和1汤匙橄榄油一起倒入锅中。

5 加入番茄干、姜黄和茴香粒继续煸炒2分钟。

6 倒入700毫升蔬菜汤，加月桂叶并放少许盐，然后放入大块的胡萝卜和切成两半的小洋葱。

7 汤加热至沸腾后继续煮两三分钟，将火调小，盖上锅盖炖煮30分钟。

8 确认煮好后，将锅离火，放置15分钟。其间要一直盖着锅盖，让热的蒸汽将米彻底蒸熟。

9 煮米的同时,去掉抱子甘蓝的根部,将掉下来的少量叶子放置待用。

10 抱子甘蓝切成两半,放置待用。

11 荷兰豆洗净、去梗。

12 黄甜椒洗净后去子,切成细条。

13 将橙子洗净、去皮,削掉橙皮上白色的部分,橙皮切丝后放置待用。

14 冲洗香芹后,用吸水纸干燥后切碎。

15 在锅中加热2汤匙橄榄油,放入黄甜椒和45毫升蔬菜汤,盖上锅盖以大火焖2分钟。

16 加入抱子甘蓝和荷兰豆,盖上锅盖煮2分钟,最后加少许盐。

17 将做好的蔬菜盖在米饭上。撒上切碎的香芹和橙皮丝即可上桌。

辣拌乌冬面

（乌冬面和赤味噌炒蔬菜）

40分钟 准备时间 + 20分钟 烹饪时间 = 1小时 总用时　★ 难度

食材

6人份

- 干香菇6朵（提前泡水，参见下面方框中的"提前2小时"）
- 西葫芦 250克
- 茄子 2个
- 红甜椒 1个
- 生姜 40克
- 绿柠檬 1个
- 小洋葱（或分葱）120克
- 香菜 1/4把

调辅料

- 辣椒粉 2汤匙
- 苦椒酱 1小撮（可用埃斯佩莱特辣椒或哈里萨辣椒酱代替）
- 乌冬面 600克
- 赤味噌 五六汤匙
- 葱油（见第171页）或芝麻油 4汤匙
- 花生 80克
- 水 200毫升
- 枫糖浆 2汤匙
- 苹果汁 120毫升

变换风味

夏日风情
制作冷乌冬面沙拉时，要将炒过的蔬菜晾凉，并用冰水冲洗乌冬面。

制作拌饭
将炒好的蔬菜盖在米饭或谷物上，搭配赤味噌享用。

 提前2小时
提前2小时将干香菇泡在200毫升水中。

苦椒酱
苦椒酱是一种传统的韩式辣椒酱，是韩餐中不可或缺的酱料。

乌冬面
乌冬面是用小麦制成的白色粗面条，冷食或热食均可，也可配汤享用。

1 准备

准备时间 25分钟

+ 烹饪时间 3分钟

1 茄子洗净后切成厚7毫米的圆片,将每个圆片切成4小块后,在水中浸泡10分钟。

2 将茄子沥干水分,西葫芦洗净后切片,切成半圆形。

3 红甜椒洗净,去子后切条。

4 生姜去皮后切碎。

5 用切片器或小刀将小洋葱切成细条。

6 将干香菇沥干水分,保留泡香菇的水用于煮汤,清理香菇(去梗并去掉腐烂部分)后切丝。

7 香菜洗净,沥干水分后切碎,用于装饰。

8 将绿柠檬切成8小块。

厨艺大师小贴士

可以按照个人喜好用哈里萨辣椒酱、埃斯佩莱特辣椒或其他辣椒粉代替苦椒酱。

9 将赤味噌放入碗中，逐渐加入泡香菇的水，用打蛋器搅拌。

10 加入枫糖浆、辣椒粉、苹果汁和苦椒酱，搅拌均匀。

2
蔬菜

准备时间 7分钟

+ 烹饪时间 10分钟

11 将花生放入平底锅中，以大火翻炒，离火后自然冷却。

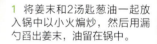

1 将姜末和2汤匙葱油一起放入锅中以小火煸炒，然后用漏勺舀出姜末，油留在锅中。

厨艺大师小贴士

当姜的香味进入油中时就立即舀出姜末，否则用大火将姜末和茄子放在一起炒，姜末会炒焦。

2 在平底锅中加入茄子，以大火翻炒3分钟。

3 加入甜椒、一半小洋葱和香菇，继续炒至茄子变软。

4 加入炒过的生姜、味噌汤和西葫芦，以中火烹制四五分钟，放置在温暖处。

厨艺大师小贴士

在蔬菜汤蒸干前就要关火，因为需要保留少量的汤用于拌面。

5 将花生放入塑料袋中，用擀面杖碾碎，放置待用。

3
乌冬面

准备时间 8分钟

+ 烹饪时间 7分钟

1 按照包装上的说明，在大量沸水中煮熟乌冬面。

2 同时，加热炒好的蔬菜。

3 将乌冬面倒入滤锅中，沥干水分，倒入2汤匙葱油后迅速摇动，这样面不会粘在一起。

4 将乌冬面舀在盘中，盖上蔬菜。

5 加入香菜、剩下的小洋葱、绿柠檬块和花生。最后，滴上几滴葱油（配方外）调香即可。

素食蔬菜汤

（蔬菜汤、海带汤、香菇汤、海带香菇汤）

1小时55分钟 总用时 ｜ 1小时26分钟 总用时 ｜ 1小时11分钟 总用时 ｜ 1小时16分钟 总用时 ｜ ★ 难度

食材 6人份

- 口蘑或干蘑菇 100克
- 月桂叶 3片
- 干香菇 3朵
- 芹菜 2根
- 球茎茴香 1个
- 海带（宽5厘米、长15厘米）
- 胡萝卜 3根
- 百里香 3枝
- 洋葱 2个
- 生姜 30克
- 蒜 3瓣
- 韭葱 1根

调辅料

- 盐 1咖啡匙
- 水 适量
- 橄榄油 2汤匙
- 黑胡椒 6粒

用途

排毒养颜汤（见第6页）
日式浓汤（见第27页）
葛根汤（见第42页）
春日西班牙式什锦饭（见第85页）
田乐（见第133页）
多利亚菜园（见第143页）

汤做好之后

在蔬菜汤中煮过的海带和香菇还可以继续使用，如切细后放入其他汤中。

蔬菜汤

准备时间 15分钟

+ 烹饪时间 1小时40分钟

1 蒜和生姜去皮、切片，洋葱去皮后切成均匀的小块。

2 胡萝卜、芹菜、口蘑、球茎茴香和韭葱洗净后切成小块，香菇洗净后切成两半。

3 将蒜和生姜放入炖锅中，加入2汤匙橄榄油，以小火煸炒。

4 放入蔬菜，以中火煸炒5分钟后加水。

5 将汤煮沸后撇去泡沫，加入月桂叶、百里香、黑胡椒和盐。

6 不盖锅盖炖煮1小时30分钟，如果出现泡沫要及时撇去。

7 用大的滤勺滤出蔬菜，放在滤锅中沥干水分。

厨艺大师小贴士

可以将这些蔬菜用电动搅拌器搅打后放入咖喱酱或杂烩菜中。

海带汤

浸泡法

准备时间 1分钟

+ 等待时间 12小时

将海带在水中浸泡12小时。

厨艺大师小贴士

冬天时,海带汤可以常温保存;夏天则要放在阴凉处。

海带汤

烹煮法

准备时间 1分钟

+ 烹饪时间 15分钟 + 等待时间 1小时10分钟

1 将海带放入锅中,加水浸泡至少1小时。

厨艺大师小贴士

如果有足够的时间,可以将海带浸泡一整晚,这样能够更加凸显它的风味。

2 不盖锅盖,以小火煮10~15分钟。将锅离火后,让海带在水中继续浸泡10分钟。

香菇汤

浸泡法

准备时间 1分钟

+ 等待时间 1晚

将香菇浸泡一晚后取出。香菇汤在阴凉处可保存2天,冷冻可保存1个月。

香菇汤

烹煮法

准备时间 1分钟

+ 烹饪时间 10分钟　+ 等待时间 1小时

1 将香菇放入锅中，加水后浸泡至少1小时。

2 待香菇泡软后，以中火烹煮。盖上锅盖，炖10分钟后，取出香菇。

厨艺大师小贴士

将香菇取出后去梗、切片，炒好后可与蔬菜汤滤出的蔬菜一起用于制作其他汤或蔬菜杂烩。

海带香菇汤

浸泡法

准备时间 1分钟

+ 等待时间 1晚

将海带、香菇和水一起放在碗中，浸泡1晚后取出。

海带香菇汤

烹煮法

准备时间 1分钟

+ 烹饪时间 15分钟　+ 等待时间 1小时

1 将海带、香菇和水倒入锅中，浸泡至少1小时至香菇变软。

2 以中火炖煮，在汤沸腾前取出海带，继续煮香菇10分钟，随后用滤勺取出香菇即可。

米汉堡

（大米汉堡坯和照烧豆腐）

1小时15分钟 准备时间 + 55分钟 烹饪时间 + 1小时50分钟 等待时间 = 4小时 总用时　★★ 难度

食材 6人份

黄番茄 2个 | 牛油果 1个 | 红洋葱 1个 | 洋葱 200克 | 芝麻菜 60克

调辅料

粳米 450克 | 刺山柑花蕾 6个 | 北豆腐 400克 | 胡椒 适量 | 青海苔（见第76页）1汤匙 | 面包糠 80克

盐适量 | 奇亚籽 2汤匙

酱油 2汤匙 | 橄榄油 2汤匙 | 水 600毫升 | 苹果汁 5汤匙 | 枫糖浆 1汤匙

香醋1汤匙

变换风味

更美式
用番茄酱来代替照烧酱。

口味更清淡
用普通汉堡坯代替大米汉堡坯。

提前1小时
在滤勺中将豆腐沥干水分。

奇亚籽是什么？
奇亚籽（学名为芡欧鼠尾草），原产于拉丁美洲。奇亚籽富含欧米伽3脂肪酸和膳食纤维，可以代替鸡蛋。

没有豆腐怎么办？
用做熟并压碎的布格麦或白芸豆来代替。

没有奇亚籽怎么办？
用磨碎的亚麻子或玉米淀粉来代替，甚至可以用鸡蛋来代替。

1

大米饼

准备时间 25分钟

+ 烹饪时间 15分钟 + 等待时间 1小时50分钟

1 用手在水中淘米,淘干净后将水倒掉,重复这一步骤至淘米水变清。

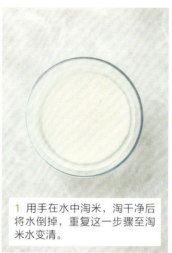

2 将米沥干水分,放入炖锅中,倒入600毫升水,加入1汤匙奇亚籽,放置1小时。

厨艺大师小贴士

奇亚籽不能清洗。将奇亚籽泡入水中后会变黏,这样也增加了大米黏性,从而更有利于制作大米汉堡坯。

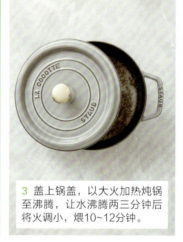

3 盖上锅盖,以大火加热炖锅至沸腾,让水沸腾两三分钟后将火调小,焖10~12分钟。

4 将炖锅离火,盖上锅盖放置15分钟,让米在蒸汽中彻底蒸熟。

厨艺大师小贴士

在炖锅离火前,需要确认米饭是否蒸熟,因为不同的炖锅和火候的大小都会影响烹饪效果。

5 用湿的饭铲搅拌米饭。

6 在砧板上铺上一张塑料保鲜膜,在上面放浸湿的环形模具。

7 将米填满环形模具，用湿的汤匙压紧，制作12个米饼。

8 让米饼自然冷却，分别包上保鲜膜，在阴凉处放置30分钟。

厨艺大师小贴士

制作米饼时要趁热，因为热的米比较容易塑形。我们也可以使用糙米来制作米饼，而且可以将米和切碎的大蒜或香芹混合，十分美味。

2 照烧酱

准备时间 5分钟
+ 烹饪时间 5分钟

1 将香醋、酱油、苹果汁和枫糖浆倒入锅中。

2 加热至沸腾，将火调小继续加热5分钟左右，直至酱汁变得黏稠。

3 豆腐饼

准备时间 25分钟
+ 烹饪时间 20分钟

1 在碗中混合豆腐和1汤匙奇亚籽用打蛋器搅匀，放置待用，让奇亚籽吸收豆腐中的水分。

厨艺大师小贴士

奇亚籽充分吸收豆腐中的水分后会变得很黏，这样便可以像鸡蛋一样黏住豆腐糊。

2 将洋葱去皮后切碎，在1汤匙橄榄油中翻炒至颜色变得金黄。

3 将红洋葱去皮后切薄片，黄番茄切成圆片，芝麻菜洗净，牛油果去皮后切片。

4 在放豆腐的碗中，加入炒好的洋葱和面包糠，加入盐和胡椒。

5 在锅中加入1汤匙橄榄油并加热，将手沾湿，捏出豆腐团，压扁后得到豆腐饼，放入锅中煎熟。

6 等豆腐饼煎熟，颜色变得金黄时，给豆腐饼两面都刷上照烧酱。

4

填馅

准备时间 20分钟

+ 烹饪时间 15分钟

1 另起锅，以大火煎米饼，两面都要煎。

2 将煎好的6块米饼放在干净的砧板上，在每个米饼上放上芝麻菜和洋葱圈。

3 在其上面盖上豆腐饼，加上牛油果和黄番茄，撒上青海苔后再盖上第2块米饼，并用青海苔和刺山柑花蕾装饰即可。

活力大蚬壳粉

（绿色杂烩菜填馅和蔬菜蒜泥浓汤）

35分钟 + 25分钟 + 10分钟 = 1小时10分钟　★

准备时间　烹饪时间　等待时间　总用时　难度

食材

6人份

- 黄西葫芦 2个
- 绿甜椒 1个
- 黄甜椒 1个
- 绿西葫芦 2个

- 百里香 1枝
- 芝麻菜 30克
- 茄子 1个
- 洋葱 2个
- 罗勒 30克+10小片叶子（用于装饰）
- 蒜 2瓣

调辅料

- 橄榄油 245毫升
- 刺山柑花蕾 30克
- 大蚬壳粉 36个
- 葵花子 40克
- 盐 1.5咖啡匙

变换风味

制作杂烩菜
在杂烩菜中加入番茄和大豆蛋白。

制作焗饭
在豆乳中加入贝夏梅尔调味酱，再烤制。

不同的蔬菜蒜泥浓汤

我们可以用紫苏叶、香菜或迷迭香来做蔬菜蒜泥浓汤，也可以用芝麻油代替橄榄油，味道都很棒。还可以加入葵花子，就像制作意大利青酱面那样。

用途

用来填馅的配菜也可以抹在比萨上，或搭配面条吃，还可以制作温沙拉或夹在烤面包片中。

1 蔬菜蒜泥浓汤

准备时间 5分钟

在大碗中混合制作蔬菜蒜泥浓汤的所有配料：200毫升橄榄油、1瓣蒜、1咖啡匙盐、芝麻菜、30克罗勒和刺山柑花蕾，用电动搅拌器搅成糊状，放置待用。

2 绿色杂烩菜

准备时间 30分钟

+ 烹饪时间 25分钟　+ 等待时间 10分钟

1　洋葱去皮，黄绿西葫芦、黄甜椒和绿甜椒洗净后切丁。茄子切丁，在水中浸泡10分钟后沥干水分。

2　锅中倒入3汤匙橄榄油，以小火加热，剥1瓣蒜，切碎后放入锅中煸炒。

3　加入蔬菜和百里香，再加少许盐，以中火煸炒，盖上锅盖后炖煮10分钟。

4　将大蚬壳粉倒入锅中，加大量的水煮沸，再煮15分钟，水中要放少许盐。煮熟后沥干水分。

5　将绿色杂烩菜填入大蚬壳粉中。

6　将做好的大蚬壳粉摆在大盘子中，撒上葵花子和罗勒叶，浇上蔬菜蒜泥浓汤即可。

夏日蔬块

（甜椒挞和绿色沙拉）

50分钟 准备时间 + 1小时5分钟 烹饪时间 + 2小时15分钟 等待时间 = 4小时10分钟 总用时　★★ 难度

食材

6人份

甜椒（红色、绿色、黄色和橘色）4个

鸡蛋 1个　百里香 2枝　圣女果 200克　芝麻菜 100克　洋葱 500克

调辅料

有机蔬菜浓汤宝 1/2块　腰果酱 1汤匙　面粉（法国T55）280克　橄榄油 7汤匙　水 190毫升

孜然 1汤匙　　　肉豆蔻 1小撮　盐 10克　胡椒 1小撮

变换风味

其他香味
用牛至、罗勒或其他食材来代替孜然。

两种颜色
用绿西葫芦和黄西葫芦来代替甜椒。

植物黄油
可以用植物黄油来代替橄榄油。

充分利用各种酱料
在有机食品店里，我们很容易就能找到各种酱料，如核桃酱、芝麻酱、腰果酱、榛子酱、杏仁酱、花生酱等，这些酱含有丰富的蛋白质、钙和铁。

没有孜然怎么办？
可以用埃斯佩莱特辣椒、芝麻等代替。

更清新
在饼皮中加入碎橙皮或1个柠檬。

1
准备面糊

准备时间 10分钟

+ 等待时间 2小时

1 在碗中倒入250克过筛的面粉，加入1个鸡蛋、3汤匙橄榄油、5克盐、60毫升冷水和1汤匙孜然。

2 所有配料混合均匀后，将面团揉成长方体，包上保鲜膜在冰箱中冷藏2小时。

2
焖洋葱

准备时间 10分钟

+ 烹饪时间 20分钟

1 洋葱去皮后切碎，和2汤匙橄榄油一起放入平底锅中。

2 烤盘纸剪成圆形，大小与平底锅相当。在锅中倒入100毫升温水后，将烤盘纸铺在洋葱上。

3 以小火加热10分钟，取下烤盘纸后以大火加热，蒸干水分。

4 加入腰果酱和少量肉豆蔻，加5克盐、胡椒后混合搅拌。

厨艺大师小贴士

焖洋葱可以夹在面包片中吃，也可以放入汤中。

3

在模具里用饼皮垫底与烤制挞底

准备时间 10分钟

+ 烹饪时间 35分钟 + 等待时间 15分钟

1 用刷子给模具刷上橄榄油。

2 在撒有面粉的砧板上将面团擀开，擀成长方形。

3 将饼皮卷在擀面杖上，反向转动，使饼皮在模具上方铺开。

4 小心地将饼皮铺进模具中。

5 用擀面杖在模具上反复滚动，去除多余的饼皮。

6 用叉子将铺在模具底部的饼皮扎出小孔。

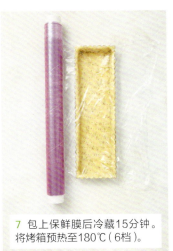

7 包上保鲜膜后冷藏15分钟。将烤箱预热至180℃（6档）。

8 在模具底部铺上烤盘纸。

9 将干蔬菜（配方外）铺满模具，这样可在烤制过程中避免饼皮膨胀。

10 烤制20分钟。

11 取出挞底，先不要关闭烤箱，拿走干蔬菜后，将挞底继续烤15分钟，给面皮上色。

4 填馅

准备时间 20分钟

+ 烹饪时间 10分钟

1 将甜椒洗净后去子，切成长3.5厘米、宽2.5厘米的长方形。

2 在平底锅中倒入1汤匙橄榄油，再放入甜椒翻炒。

3 加入30毫升温水、1/2块有机蔬菜浓汤宝和百里香，盖上锅盖，焖5分钟。

4 挞底做好后，在上面铺上焖洋葱，再铺上炒好的甜椒，注意不同的颜色要交错码放。

5 撒上百里香的枝叶，搭配清洗干净的芝麻菜和圣女果即可上桌。

酥炸可乐饼

（加入红色藜麦的可乐饼、柠汁菜花）

| 1小时15分钟 | + | 46分钟 | + | 30分钟 | = | 2小时31分钟 | ★★ |
| 准备时间 | | 烹饪时间 | | 等待时间 | | 总用时 | 难度 |

113

食材
6人份

- 红甜椒 1个
- 菜花 1/2个
- 洋葱 350克
- 有机柠檬（未加工）2个
- 绿色紫苏叶 18片
- 土豆（宾什）950克
- 胡萝卜 350克
- 蒜 1/2瓣

调辅料

- 去核绿橄榄 40克
- 面粉 30克
- 日式面包糠或普通面包糠 40克
- 胡椒 1小撮
- 盐 适量
- 红色藜麦 80克

- 菜籽油（油炸用油）1升
- 苹果醋 2汤匙
- 水 适量
- 橄榄油 2汤匙
- 枫糖浆或龙舌兰糖浆 1汤匙

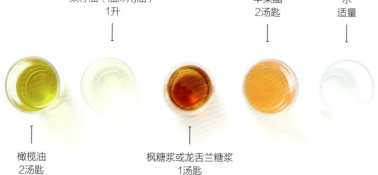

变换风味

秋日风情
用日本南瓜来代替土豆。

制作三明治或汉堡
将可乐饼压扁一些，夹在面包中，加入切好的卷心菜和番茄酱或伍斯特郡酱。

藜麦的功效

藜麦富含蛋白质和矿物质，包括铁（有助抗疲劳）和镁（有助舒缓紧张情绪和抗抑郁），还含有丰富的膳食纤维。

1

可乐饼

准备时间 45分钟

+ 烹饪时间 20分钟　+ 等待时间 30分钟

1 将土豆去皮后切块，切好后放入炖锅中。倒入冷水，加少许盐煮20分钟。

2 煮土豆的同时，将红色藜麦洗净，在另一口锅中煮15分钟。再次冲洗后，包在屉布中沥干水分。

3 洋葱、胡萝卜、绿橄榄去皮后切碎（或用大孔的擦丝器磨碎）。

4 将胡萝卜、洋葱和1汤匙橄榄油放入锅中。

5 土豆沥干水，倒入热的炖锅中，进一步蒸干水分。用捣菜泥器将土豆捣碎。

厨艺大师小贴士

重新将土豆放入热的炖锅中，目的是利用热量将土豆中多余的水分蒸干，这样更有利于可乐饼的制作。

6 在炖锅中加入洋葱、胡萝卜、绿橄榄和红色藜麦，混合并搅拌，加入1咖啡匙盐和少许胡椒。

7 将准备好的食材铺在一个大盘子里，自然冷却。

8 将铺好的饼泥切分成18份，用直径为6厘米的环形模具制作可乐饼。当然，也可以用手捏。

9 将做好的可乐饼放在烤盘上，包上保鲜膜，在阴凉处放置30分钟，使之变硬。

2

柠汁菜花

准备时间 15分钟

+ 烹饪时间 1分钟

1 将菜花洗净，掰成小朵，再用切片器切片。

2 在有锅盖的锅中倒入3汤匙水，放入菜花，用1分钟时间焯一下菜花后沥干水分。

3 将1个柠檬挤压出汁水，在压出的柠檬汁中加入2汤匙水、擦碎的蒜、1汤匙橄榄油、少许盐和胡椒，用打蛋器搅匀。

4 另1个柠檬切片，切成半圆形，盖在菜花上，倒入所有的调味汁。

3

甜椒酱

准备时间 5分钟

+ 烹饪时间 10分钟

1 甜椒洗净后切块，与苹果醋、枫糖浆、100毫升水、少许盐和胡椒一起放入锅中加热。

2 煮10分钟后关火，用电动搅拌器搅拌做熟的甜椒，成糊状后放置待用。

4

炸可乐饼

准备时间
10分钟

+ 烹饪时间 15分钟

1 在锅中放入1升菜籽油，加热至180℃。

2 在汤碗中准备制作炸粉的3种配料：面粉、冷水和面包糠。

厨艺大师小贴士

在裹面包糠时，一般会使用鸡蛋，也可以将烤好的亚麻子浸入4汤匙水中，10分钟后，将和蛋液一样黏稠。当然也可以只用水，就像这个食谱中一样。

3 先将可乐饼放入面粉中，然后在水中迅速过一下，最后裹上面包糠。

4 将可乐饼放入菜籽油中，炸至其颜色变得金黄即可。之后在烤网上放上吸油纸，将可乐饼放在吸油纸上沥油。

5 用绿色的紫苏叶打底，在每片叶子上放上可乐饼。

6 在旁边摆上柠汁菜花，配以甜椒酱即可享用。

手卷寿司

（节日寿司）

45分钟 + 40分钟 + 6小时15分钟 = 7小时40分钟　★★

准备时间　烹饪时间　等待时间　总用时　难度

食材 6人份

- 秋葵 12根
- 牛油果 1个
- 芝麻菜 100克
- 小黄瓜 2根
- 橘色甜菜 1个
- 胡萝卜 1根
- 韭菜 1把

调辅料

- 糖渍番茄 40克
- 去核绿橄榄 40克
- 水 700毫升
- 酱油 适量
- 梅子醋 1咖啡匙
- 圆粒糙米 450克
- 粮食醋或米醋 100毫升
- 细蔗糖（或龙舌兰糖浆）5汤匙
- 紫菜 15片
- 精盐 1小撮+15克
- 芥末酱适量
- 红胡椒 1汤匙
- 白芝麻粒 1汤匙

变换风味

传统寿司

用粳米代替圆粒糙米（两种米的用水量和烹饪时间不同）。

太卷

制作这种常见的寿司时，只需将食材包裹在铺有米饭的紫菜中，再用寿司卷帘卷住即可。

 提前6小时

将圆粒糙米洗净后浸入水中（浸泡6~12小时）。

紫菜

紫菜制品富含维生素A、维生素B_1、维生素B_2、钙和铁。

手卷寿司

制作这种手卷寿司时，大家可以选择自己喜欢的食材，用手将食材卷在一起，它是招待朋友的理想菜肴。

1 煮米饭

准备时间 5分钟
+ 烹饪时间 35分钟　+ 等待时间 6小时15分钟

1 将米洗净，换水洗两三次后沥干水分。

2 将米倒入沙拉盆中，加入大量的水，浸泡6~12小时。

厨艺大师小贴士

正常情况下，米是在常温下浸泡。但在夏天时，最好将米放于阴凉处。浸泡的时间取决于不同的季节：夏天（新米）6小时；冬天则一整晚。

3 将米沥干水分，放入炖锅中，加入700毫升的水，盖上锅盖，以大火煮沸。

4 锅中加入1小撮盐，继续煮两三分钟，将火调小，盖上锅盖，再煮30分钟。

厨艺大师小贴士

慢慢地煮大米，米的口感会更加柔软。也可以在砂锅或高压锅中煮糙米。不同的烹饪器具所用的烹饪时间、用水量和火候也不同，因此我们在煮米饭时要具体调整。

5 确认米饭煮好后，将锅离火放置15分钟。其间，一直盖着锅盖，让米在蒸汽中彻底蒸熟。

6 用湿的木质饭铲上下搅动，之后重新盖上锅盖，放置待用。

2

寿司醋

准备时间 5分钟

+ 烹饪时间 1分钟

1 煮米时，在另一口锅中加热米醋、细蔗糖和15克盐的混合物，并不停搅拌。

2 当糖和盐都化开后，将锅离火，加入1咖啡匙梅子醋制成寿司醋，放置待用。

3 用湿的木质饭铲将还热着的米盛在深盘子或沙拉盆中。

4 在米中倒入寿司醋，稍加搅拌，但不要把米拌碎。盖上湿布后放置待用。

厨艺大师小贴士

米煮好后要立即将寿司醋倒入米中，因为如果米凉了，寿司醋就不能均匀地渗入其中。

3

准备蔬菜

准备时间 25分钟

+ 烹饪时间 4分钟

1 胡萝卜洗净后去皮，用削皮器削成带状薄片。

2 小黄瓜洗净后斜切成片，再切成细条。

121

3 将牛油果一切两半，去皮、去核，并切成长7毫米左右的细条。

4 甜菜洗净、去皮，切成2毫米的薄片，再切丝。

5 在沸水中焯一下秋葵，捞出迅速泡入冷水中，然后沥干水分待用。

6 秋葵去梗后切片，糖渍番茄切丝，绿橄榄切圆片。

7 将芝麻菜和韭菜洗净、沥干水分。

4
手卷寿司

准备时间 10分钟

1 紫菜切成两半，将红胡椒、芥末酱和白芝麻粒分别放在3个小碟子中。

2 将所有食材放在漂亮的盘子里，方便每个人都能将米饭和自己喜欢的蔬菜包在紫菜中。

3 将紫菜包上蔬菜和米饭后卷成小卷，搭配酱油和芥末酱享用即可。

妈妈汤团

（南瓜团子和欧防风酱）

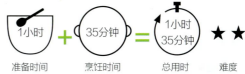

准备时间 1小时 + 烹饪时间 35分钟 = 总用时 1小时35分钟　难度 ★★

食材

6人份

- 洋葱 150克
- 日本南瓜 1千克
- 罗马菜花 300克
- 有机橙皮 10克
- 细叶芹 2根
- 欧防风 400克

调辅料

- 开心果 40克
- 盐 1小撮
- 杏仁霜 100毫升
- 豆浆 600毫升
- 水 400毫升
- 面粉 150克
- 白胡椒 1小撮
- 核桃油 1汤匙
- 南瓜子油 1汤匙
- 有机蔬菜浓汤宝 1块

变换风味

秋日风情

可用土豆代替日本南瓜，用牛肝菌代替欧防风。

更适合圣诞节

可用栗子代替日本南瓜，再加入松露屑。

日本南瓜

这是一种原产于日本的南瓜属植物。它的瓜肉较硬，但烹饪后会变得柔软、甘甜。在日本，人们用它来做汤、蛋糕、炖菜等。在法国，这种植物得到越来越多的种植。

没有欧防风怎么办？

用菜花来代替。

没有罗马菜花怎么办？

用西蓝花或抱子甘蓝来代替。

1 南瓜面糊

准备时间 25分钟

+ 烹饪时间 15分钟

1 南瓜切成4大块，用勺子挖去南瓜子，去除外皮。

2 将南瓜继续切成长约3厘米的小方块。

3 罗马菜花洗净，分成小朵，再切成小块。

4 将南瓜块放入蒸锅，蒸10分钟。

5 加入罗马菜花，继续蒸5分钟。

6 分别取出南瓜块和罗马菜花并沥干水分，将南瓜块放在吸水纸上进一步干燥。

7 将蒸锅中的水全部倒出，再将罗马菜花重新放入蒸锅中，保温至使用时。

8 将南瓜块放入沙拉盆中，用捣菜泥器捣碎。

9 加入150克面粉、少许盐和胡椒。

10 加入10克碎橙皮，混合并搅拌后包上保鲜膜，放于阴凉处保存。

> **厨艺大师小贴士**
>
> 有时，南瓜中的水分很足（这取决于季节），如果做出的南瓜面糊很稀，就要多加一些面粉。

2

欧防风酱

准备时间 15分钟

+ 烹饪时间 10分钟

1 洋葱去皮后洗净，切成薄片。

2 欧防风洗净后去皮，切成厚7毫米的圆片。

3 在锅中加热核桃油，加入洋葱煸炒两三分钟，注意洋葱不能变色。

4 加入欧防风并搅拌，再加入400毫升水和有机蔬菜浓汤宝，炖5分钟。

5 欧防风做熟后加入豆浆并用电动搅拌器搅拌成糊状。

6 加入杏仁霜，依据个人口味加入少许盐和白胡椒，之后放置待用。

7 将开心果去壳后，放在塑料袋中，用擀面杖碾碎。

3

汤团

准备时间 20分钟

+ 烹饪时间 10分钟

1 在锅中加热大量的水至沸腾，摘下细叶芹的叶子，放置待用。

2 用两个湿汤匙做出小团子，并将团子放入沸水中煮几分钟。

3 同时，以小火加热欧防风酱。

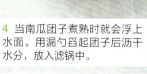

4 当南瓜团子煮熟时就会浮上水面。用漏勺舀起团子后沥干水分，放入滤锅中。

5 将欧防风酱舀在深盘中，放入3个南瓜团子和罗马菜花。

6 撒上细叶芹和开心果碎，并放入少量的南瓜子油调香，趁热享用。

素食便当

（米饭和小菜）

准备时间 40分钟 + 烹饪时间 50分钟 + 等待时间 6小时 = 总用时 7小时30分钟

难度 ★

食材 6人份

- 洋姜 300克
- 樱桃萝卜 12个
- 西葫芦 2个
- 胡萝卜 2根
- 芹菜 1根
- 香菜 4根
- 蒜末 1/2咖啡匙
- 绿豆角 250克

调辅料

- 脱水蔬菜 1小撮
- 干海带 20克
- 圆粒糙米 450克
- 盐 1小撮+1/2咖啡匙
- 烤芝麻 5汤匙
- 酱油 1咖啡匙+3汤匙
- 水 695毫升
- 龙舌兰糖浆 4汤匙
- 芝麻油 3汤匙
- 柠檬汁 3汤匙

变换风味

做成温沙拉
用去壳的荞麦或布格麦来代替糙米。

生食
所有的配菜都必须是彻底的生食，撒上调料即可。

便当

日语中的便当是一种盒饭，指的是可以方便携带、在午餐或野餐时食用的一种饭。本食谱能让您制作出正宗的便当。

风味小菜

我们可以将这些用于装饰的小菜作为开胃菜，或搭配鱼类或肉类来食用。这种小菜一般在阴凉处可以保存两三天。

没有调料怎么办？

可以使用芝麻盐（芝麻和盐的混合物，芝麻烤过并粉碎）。

1 糙米

准备时间 3分钟
+ 烹饪时间 35分钟 + 等待时间 6~12小时

将糙米浸泡6~12小时。按照第120页所示方法烹煮（煮米饭用水650毫升）后，盖上锅盖保温。

2 配菜

准备时间 30分钟
+ 烹饪时间 15分钟 + 等待时间 15分钟

1　干海带浸泡15分钟后沥干水分。

2　在锅中加入1汤匙芝麻油，放入海带以大火炒1分钟。然后加入1汤匙酱油和1汤匙烤芝麻，混合均匀后关火。

3　将绿豆角洗净后去梗，切成4厘米的长段，放入加盐（配方外）的沸水中煮三四分钟，之后沥干水分。

4　将4汤匙烤芝麻、1汤匙酱油、1汤匙龙舌兰糖浆和1汤匙水混合并搅拌均匀，混合好的调料浇在豆角上。

5　胡萝卜洗净后去皮，用削皮器削成薄长条，香菜冲洗干净后切碎。

6　将胡萝卜、香菜放入碗中，加入1咖啡匙酱油、1汤匙龙舌兰糖浆、2汤匙柠檬汁后混合并搅拌。

7 将芹菜和西葫芦洗净，均匀地切成5毫米的薄片。

8 在锅中加入1汤匙芝麻油，放入芹菜和西葫芦，以大火翻炒几分钟，将锅离火后加入蒜末和1小撮盐。

9 用刷子将洋姜清洗干净。

10 将洋姜切成两半，再切成5毫米的薄片，在沸水中焯一下后反复冲洗。

厨艺大师小贴士

不断冲洗洋姜可以保证洋姜不变黑，也能保持洋姜清脆的口感。不去皮则可以更好地保留洋姜的风味。

11 锅中加入1汤匙芝麻油，放入洋姜翻炒1分钟。加入脱水蔬菜、2汤匙水、1汤匙酱油和1汤匙龙舌兰糖浆，炖两三分钟。

厨艺大师小贴士

注意，洋姜不能炖得太过，否则会失去其清脆的口感。也可以加入少量清酒调味。

12 樱桃萝卜洗净后去缨。

13 将樱桃萝卜放在砧板上，置于两根木筷子之间，用刀每隔1毫米切一下，切口要平行。

14 将樱桃萝卜转动90°，与刚才的方向垂直，再切出同样的切口。其他樱桃萝卜都用同样的切法加工。

厨艺大师小贴士

切樱桃萝卜时不要切透，要做成像花一样的形状用来装饰。

15 将樱桃萝卜放在冷冻袋中，用1/2咖啡匙盐、1汤匙柠檬汁和1汤匙龙舌兰糖浆腌渍。

厨艺大师小贴士

将所有的配料倒入袋中，捏紧袋子去除空气，这样有利于腌泡汁浸入食材中。做好的腌菜可以在阴凉处存放两三天。

3
收尾

准备时间
7分钟

1 将糙米饭分别放入6个碗或6个便当盒中。

2 加入少量海带和绿豆角。

3 将另外几种配菜均匀地摆放进去。

4 将腌好的樱桃萝卜沥干水分，装饰在每份便当中。

田乐

（玉米糁子与赤味噌榛子酱煎蔬菜）

准备时间	烹饪时间	等待时间	总用时	难度
40分钟	40分钟	1小时35分钟	2小时55分钟	★★

食材 6人份

百里香 1/4枝　　韭菜 1/4把　　茄子 1个　　橘色甜椒 1个

西葫芦 2个

调辅料

芝麻油 3汤匙　　苹果汁 3汤匙　　盐 适量　　蔬菜汤800毫升（见第95页）或1块蔬菜浓汤宝加800毫升水

胡椒 适量　　红胡椒 1汤匙　　枫糖浆 3汤匙

烤白芝麻 1汤匙　　赤味噌 80克　　玉米糁子 150克　　榛子酱 3汤匙

变换风味

开胃菜
可制作小块的玉米糁子面团和蔬菜，将其穿在竹签上。

更日式
用豆腐代替玉米糁子。

味噌

味噌是一种发酵酱，以黄豆为主要原料，其中的蛋白质含量很高。它既可以做成汤品，也可以制作腌泡汁、调味酱汁等，是一种多功能的调味料。味噌有很多种：白味噌、赤味噌、黑味噌等。赤味噌的发酵时间更长，咸度是普通味噌的两倍。

没有榛子酱怎么办？

可用花生黄油、芝麻酱或杏仁酱来代替。

玉米糁子的功效

玉米糁子是极好的能量来源，它富含维生素A、镁和膳食纤维，经常食用能够降低患心血管疾病的风险。

1

玉米糁子

准备时间 7分钟

+ 烹饪时间 7分钟　+ 等待时间 1小时30分钟

1 在锅中混合玉米糁子和蔬菜汤，加适量盐和胡椒。

厨艺大师小贴士

我们可以在玉米面糊中加牛奶或植物奶，再加个鸡蛋，这样面糊的营养成分会更丰富。我们也可以加入蒜泥和其他的草本植物。

2 将混合物加热至沸腾，滚15分钟，不停搅拌至玉米糁子变得稠厚，呈糊状。

3 将一半的玉米糊放在食品保鲜膜上。

4 卷住面糊，卷成直径为5厘米的圆柱。

5 将保鲜膜的两端卷住，再用夹子夹紧，剩下的一半玉米糁子也这样处理。

厨艺大师小贴士

卷玉米糊这个步骤，必须在玉米糊一出锅就进行，否则玉米糊内部会出现缝隙，导致无法成形。这种面糊冷冻后可以保存1个月。

6 让卷好的玉米糁子面团冷却30分钟，再于阴凉处放置1小时，以便彻底成形。

2
赤味噌榛子酱

准备时间 3分钟

+ 烹饪时间 8分钟

1 在小锅中混合榛子酱、赤味噌、枫糖浆和苹果汁。

2 一边用打蛋器搅拌，一边加热至酱料变得稠厚，保存在热的地方。

厨艺大师小贴士

我们也可以在其他食谱中选用这种酱料，例如只要在赤味噌榛子酱中再加些醋就可以制成酸醋调味汁，可用于海带沙拉中。

味噌烹煮时间不能太长，而且要用小火，这样才能保持它的味道。

3
蔬菜和装饰

准备时间 30分钟

+ 烹饪时间 25分钟   + 等待时间 5分钟

1 茄子洗净后切成厚12毫米的圆片。

2 将茄子在水中泡5分钟，沥干水分后放在吸水纸上干燥。

3 西葫芦洗净后去柄，切成均匀的圆片。

4 将甜椒洗净后去梗、去子，切成长5厘米、宽2厘米的小块。

5 在平底锅中倒入1汤匙芝麻油,放入茄子片,煎一下。

6 取出茄子,加1汤匙芝麻油,再将西葫芦下锅煎。

7 以大火煎甜椒,加2汤匙水(配方外),盖上锅盖烹煮3分钟。

8 取出玉米糁子面团,切成和茄子一样厚的圆片。

9 在平底锅中加1汤匙芝麻油,将玉米圆片放入锅中,每面煎3分钟,玉米圆片逐渐变为金黄色。

厨艺大师小贴士

注意,玉米糁子圆片易碎,在它彻底成形之前,尽量不要多次翻动。

10 将做好的玉米糁子圆片和蔬菜摆盘。

11 将酱料抹在玉米圆片和蔬菜上,注意酱料不要流到盘子上。

12 百里香和韭菜洗净,干燥后切碎,与红胡椒、烤白芝麻一起作为装饰即可。

137

索卡烤薄饼

（鹰嘴豆粉烤薄饼和牛油果萨尔萨辣酱）

食材 6人份

- 鸡蛋 2个
- 红洋葱 100克
- 野苣 200克
- 甜菜 100克
- 紫甘蓝 400克
- 成熟的牛油果 2个
- 梨 1个
- 柠檬（柠檬汁）1汤匙

调辅料

- 小苏打 1咖啡匙
- 玉米淀粉 100克
- 榛子 50克
- 鹰嘴豆粉 300克
- 塔巴斯科辣椒酱 适量
- 有机酵母 1咖啡匙
- 盐 适量

- 橄榄油 适量
- 水 2汤匙
- 杏仁霜 150毫升
- 豆浆 300毫升
- 朗姆酒 1汤匙
- 甜葡萄酒醋 2汤匙
- 龙舌兰糖浆或蔗糖 1汤匙

变换风味

制做煎饼
用荞麦面粉代替鹰嘴豆粉。

更松脆
撒上燕麦萨尔萨酱（燕麦、杏仁、蜂蜜的混合物）。

1 红沙拉

准备时间 20分钟
+ 等待时间 10分钟

1 将红洋葱去皮后用切片器切成薄片，再将所有薄片切成两半。

2 将30克红洋葱片放在一边，用于牛油果萨尔萨辣酱的制作，剩下的红洋葱切碎。

3 将野苣洗净后放在滤锅中。

4 紫甘蓝洗净后用切片器擦成细丝。

5 将紫甘蓝和红洋葱放在一个塑料袋中，加1小撮盐和2汤匙甜葡萄酒醋，锁紧袋口。

6 从外面不断搓动袋子，使食材和调味料充分混合，然后压紧袋子，挤出空气。

厨艺大师小贴士

除去袋中的空气可以让里边的蔬菜更快地吸收酱汁。另外，如果袋子在阴凉处存放的话，可以保鲜数日。也可以用同样的方法腌渍樱桃萝卜、胡萝卜或西葫芦。

7 梨和甜菜去皮后切小片，将切好的梨和甜菜放入装有甘蓝的塑料袋中，放于阴凉处保存。

2 牛油果萨尔萨辣酱

准备时间 10分钟

1 牛油果去皮，与1汤匙柠檬汁和2汤匙水混合并用电动搅拌器搅拌。取出4汤匙牛油果酱用于制作烤薄饼。

2 在碗中混合牛油果酱、30克红洋葱、1汤匙橄榄油、少量塔巴斯科辣椒酱和1小撮盐，搅拌均匀后包上保鲜膜放于阴凉处保存。

厨艺大师小贴士

为了让萨尔萨辣酱味道更加香浓醇厚，可以在酱料中加入碎番茄或蒜末，就像制作牛油果酱那样。

3 烤薄饼和收尾工作

准备时间 20分钟

+ 烹饪时间 20分钟

1 将鹰嘴豆粉、玉米淀粉、有机酵母和小苏打过筛，倒入沙拉盆中。

2 在碗中打碎鸡蛋，加入4汤匙牛油果酱、豆浆、杏仁霜、龙舌兰糖浆、1小撮盐和朗姆酒，用打蛋器搅匀。

厨艺大师小贴士

加入朗姆酒有助于遮盖鹰嘴豆的豆腥味，其他的餐后甜酒或橙皮屑可以起到同样的作用。

3 将鸡蛋牛油果酱和面粉混合物混合均匀。

4 在平底锅中大火煎一下榛子（不能煎焦），取出后放在小碟子中。

5 在同一个平底锅中，倒入适量橄榄油，并用吸油纸涂抹均匀。

6 将平底锅放在湿抹布上几秒钟，用于降温。

厨艺大师小贴士

平底锅一定要充分加热，否则薄饼可能会粘锅。但如果锅的温度过高，薄饼又可能会焦。用湿抹布就是要将烹饪温度控制在合适的范围内。

7 将混合好的面糊倒在平底锅中，做成小圆饼的形状，圆饼的直径为8~10厘米。以中火煎薄饼。

8 当薄饼表面出现小气泡时，翻面，将另一面煎1分钟。用同样的方法制作其他薄饼。

9 将烤榛子放在塑料袋中，用擀面杖压碎。

10 红沙拉放入碗中，加入1汤匙橄榄油混合均匀。

11 在每个盘中放上3块薄饼，再放少许红沙拉、野苣和牛油果萨尔萨辣酱，撒上榛子碎即可。

多利亚菜园

（春日蔬菜焗米饭、焗麦饭）

55分钟 准备时间 + 50分钟 烹饪时间 + 15分钟 等待时间 = 2小时 总用时　★ 难度

食材 6人份

- 小胡萝卜 1捆
- 新蒜 2瓣
- 迷迭香 1枝
- 芦笋 6根
- 绿豆角 300克
- 香芹 1/4捆
- 小豌豆 300克
- 欧防风 2个
- 洋葱 2个

调辅料

- 盐 1.5咖啡匙
- 粳米（提前1小时加水浸泡）300克
- 日本面包糠 4汤匙
- 胡椒 1小撮
- 藏红花 1小撮
- 大麦麦粒（提前6小时加水浸泡）200克
- 水 50毫升
- 蔬菜汤（见第95页）550毫升（或1块蔬菜浓汤宝+550毫升水）
- 豆浆 500毫升
- 杏仁霜（可选）50毫升
- 大蒜油 4汤匙

变换风味

那不勒斯风味
在米饭中加入番茄酱和牛至。

更具秋日风味
用牛肝菌和其他当季的蘑菇来代替春日蔬菜。

提前6小时
将大麦麦粒洗净后泡入水中。

提前1小时
将粳米洗净后泡入水中。

大麦

大麦是一种营养成分与小麦相似的谷物，其富含蛋白质、膳食纤维、维生素E和矿物质，具有较强的抗氧化效果。

1 准备

准备时间 25分钟
+ 烹饪时间 25分钟 + 等待时间 15分钟

1 将藏红花泡在15毫升水中。

2 将洋葱和1瓣大蒜去皮后切碎。

3 小胡萝卜去皮后先切成4条，再斜切为5厘长的小段，将比较完好的缨留下。

4 欧防风去皮，切成和小胡萝卜同样长度的小段。

5 剥去200克小豌豆的豆荚，剩下的100克保留豆荚。

6 在炖锅中加入1汤匙大蒜油，加入蒜煸炒，然后加入洋葱，中火煸炒。

7 加入不带缨的小胡萝卜段（带缨的部分放置待用）和欧防风，用锅铲搅拌。

8 将粳米和大麦麦粒沥干水分，倒入炖锅中并搅拌。

9 加入藏红花、浸泡藏红花的水、蔬菜汤和半咖啡匙盐,加入剥掉豆荚的小豌豆。

10 大火煮沸后继续煮两三分钟,调小火,盖上锅盖,继续煮15分钟。

11 将锅离火,放置15分钟。锅盖要一直盖着,要让米完全焖熟。

2
用于装饰的蔬菜

准备时间 20分钟

+ 烹饪时间 5分钟

1 绿豆角去梗,洗净后切成5厘米长的小段。

2 芦笋洗净后,去掉硬的部分,先切成两半后,再斜切成小段。

3 将绿豆角、带缨的小胡萝卜、35毫升水和半咖啡匙盐放入锅中,以大火煮2分钟,其间要盖上锅盖。

4 加入芦笋,再煮2分钟。然后加入带豆荚的小豌豆,继续煮1分钟,关火。

厨艺大师小贴士

每次烹煮时都要盖上锅盖。煮好后不要再将蔬菜泡在水中,否则会影响风味。

5 将做熟的蔬菜放入沙拉盆中，加入1汤匙大蒜油搅拌均匀。烤箱预热至200℃（6~7档）。

6 香芹和迷迭香洗净后切碎，将1瓣大蒜搓碎，在碗中与面包糠混合，加入胡椒和半咖啡匙盐。

3

焗米饭和收尾

准备时间 10分钟

+ 烹饪时间 20分钟

1 将豆浆和杏仁霜倒入锅中烹煮几分钟，其间要持续搅拌，确认调味料都已加好。

厨艺大师小贴士

我们可以充分利用大米淀粉，大米淀粉和牛奶混合后可以产生黏性，能起到与奶油调味酱一样的效果。这时，也可以加入奶油或蛋黄。

2 给盛放焗饭的托盘刷上大蒜油，将米饭在托盘中铺开，适当压紧。

3 将炖好的蔬菜的2/3铺在米饭上，撒上面包糠混合物，加入1汤匙大蒜油调香。

4 放入烤箱烤15分钟，做成焗饭。

5 从烤箱中取出后，放入剩下的1/3的蔬菜作为装饰。

森林黄油奶冻

（牛油果酱和白巧克力）

20分钟	+	5分钟	+	1小时	=	1小时25分钟	★
准备时间		烹饪时间		等待时间		总用时	难度

食材

6人份

薄荷 6枝

成熟的牛油果 1个

调辅料

白豆蔻 3个

糖 30克

白巧克力 100克

琼脂 1/2咖啡匙

燕麦乳 100毫升

燕麦汁 300毫升

水 1汤匙

柠檬汁 1汤匙

变换风味

香味更浓郁
用阿玛雷托酒或朗姆酒来代替白豆蔻。

颜色更绿
用毛豆来代替牛油果。

牛油果的功效

牛油果富含维生素C、维生素E和不饱和脂肪酸，具有一定的抗氧化功能，常吃能帮助降低血液中胆固醇，预防心血管疾病，对癌症也有一定预防作用。

制作芝士蛋糕

在原有食谱基础上加入鲜乳酪或酸奶、碎柠檬皮。

没有牛油果怎么办？

可用杧果或草莓来代替。

白豆蔻

将白豆蔻果仁压碎能带来更浓郁的风味。白豆蔻可以促进消化，是制作甜点的理想配料。

1 准备

准备时间 17分钟
+ 烹饪时间 5分钟　+ 等待时间 1小时

1 将牛油果切成两半后去核，用汤匙挖出果肉后放入沙拉盆中。

2 加入柠檬汁和一半燕麦乳，混合并用电动搅拌器搅拌，搅拌至糊状后包上保鲜膜放置待用。

3 加热燕麦汁、剩下的燕麦乳、糖、白巧克力和压碎的白豆蔻，并搅拌均匀。

4 将琼脂在1汤匙水中化开，倒入混合物中，加热至沸腾后继续煮1分钟。用滤勺过滤，让混合物自然冷却。

5 加入牛油果泥并用打蛋器搅拌，直至混合物变得均匀。

2 收尾

准备时间 3分钟

1 将做好的奶油酱倒入小玻璃杯中，放在阴凉处冷却（1小时左右），直至奶油酱凝固成奶冻。

2 用薄荷叶装饰后即可上桌，非常清凉爽口。

醒神蛋糕和滋补茶

（菠萝玉米糁子蛋糕、生姜葛根茶）

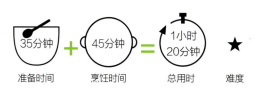

准备时间 35分钟 + 烹饪时间 45分钟 = 总用时 1小时20分钟　难度 ★

食材
6人份

菠萝 1/2个
生姜 20克（不去皮）

调辅料

玉米糁子 30克
玉米面粉 100克
杏干 10块
葡萄子油 50毫升

葛根粉6咖啡匙
粗红糖50克

枫糖浆（或蜂蜜）6汤匙
水 950毫升
豆浆 50毫升
鸡蛋 2个

有机酵母或小苏打1/2咖啡匙

变换风味

更具秋日风味
用苹果或栗子来代替菠萝，再加入朗姆酒。

制作翻转挞
烹饪前，在模具底部倒入蔗糖或枫糖浆。

熟得刚好
不要将菠萝放在冰箱中保存，需置于室温下，待菠萝的叶子枯萎卷曲，果皮变黄即可用来烹饪。

菠萝的功效
菠萝含有维生素C、维生素B_1、维生素B_2、钾、锰、膳食纤维和柠檬酸，常食具有一定的抗疲劳和助人放松的功效。

没有玉米糁子怎么办？
可用杏仁粉来代替。

没有玉米面粉怎么办？
可用面粉来代替。

1
配料的准备
准备时间 15分钟

1 去掉菠萝的两头部分，竖切为两半。

2 取其中的一半，用刀从上往下切，去除果皮。

3 将菠萝放平，切为两半，去掉菠萝心（较硬的部分）。

4 将菠萝条切成厚12毫米的小块，将每片杏干切成4小块。

5 在模具中铺上烤盘纸，将烤箱预热至180℃（6档）。

6 将切好的菠萝铺在烤箱底部，杏干填补在空隙处。

2
制作蛋糕
准备时间 15分钟

+ 烹饪时间 30分钟

1 生姜去皮后保留生姜皮，并将生姜擦碎。

153

厨艺大师小贴士

生姜皮可用于制作滋补茶，这样我们就将生姜的所有营养价值都利用起来了。生姜是非常滋补的，经常吃姜可加快体内血液循环并让人感觉放松。

2 玉米面粉过筛后加入有机酵母和玉米糁子。

3 在碗中打入2个鸡蛋，加入粗红糖和葡萄子油，用打蛋器搅拌。

4 倒入面粉、酵母和玉米糁子的混合物。

5 加入豆浆后搅拌。

6 加入生姜碎搅拌。

7 将混合物倒入模具中，表面抹光滑，放入烤箱烤大约30分钟。

厨艺大师小贴士

要确认蛋糕是否做好，可以用刀尖测试：将刀尖扎入蛋糕中，取出后刀片干净，表示已经做好；如果不是，则应继续烤几分钟。

8 将蛋糕从烤箱取出后脱模，反扣在铺有烤盘纸的烤网上。待其自然冷却。

3

滋补茶

准备时间 5分钟

+ 烹饪时间 15分钟

1 将生姜皮倒入锅中，加入200毫升水，水开后将火调小，煨10分钟。

2 用滤勺过滤掉生姜皮，将生姜水倒入另一口锅中，加入700毫升水，加热至沸腾。

3 葛根粉倒入碗中，用50毫升冷水稀释后倒入锅中。

厨艺大师小贴士

葛根产于亚洲一些多山的国家，我们经常食用的葛根粉来自于其根部。常吃葛根粉可以帮助降低心脑血管疾病的发生风险，减轻更年期症状。在传统中医中，也将其用于治疗糖尿病。

4 将锅中的混合物加热至透明，其间要不断搅拌，之后倒入枫糖浆。

5 将茶舀入杯中，放入柠檬片。

厨艺大师小贴士

可以在滋补茶中加入柠檬汁、薄荷或桂皮来变换风味，也可以用蜂蜜代替枫糖浆。

6 蛋糕搭配滋补茶即可上桌。

南瓜布丁

（南瓜布丁和焦糖栗子）

50分钟 + 1小时20分钟 + 3小时 = 5小时10分钟　★

准备时间　　烹饪时间　　等待时间　　总用时　　难度

食材
6人份

鸡蛋 3个

日本南瓜(或大南瓜) 550克

调辅料

粗红糖 90克

细蔗糖 130克

熟栗子（罐头） 6个

葡萄子油 1汤匙

豆浆 400毫升

水 6汤匙

桂皮粉1小撮

八角3个

变换风味

更具异国风情
用甘薯、香蕉和椰浆代替南瓜。

更具冬日风味
用葡萄干代替栗子，加入波尔图甜葡萄酒。

变换浆汁

可以用杏仁浆、燕麦浆、椰浆、榛子浆来代替豆浆，在制作口味更丰富的甜点时，也可以加入腰果酱。

没有栗子怎么办？

用核桃和葡萄干来代替。

没有日本南瓜怎么办？

用甘薯来代替。

更适合严格的素食者

可用琼脂来代替鸡蛋。在锅中加入1汤匙冷水和2咖啡匙琼脂，用电动搅拌器搅拌，加热至沸腾后，继续加热2分钟。将混合物倒入模具中，放于阴凉处保存。

1
焦糖

准备时间 5分钟

+ 烹饪时间 5分钟

1 用刷子将葡萄子油刷在模具上。

2 在小锅中混合3汤匙水和80克细蔗糖,加热至沸腾后以中火继续加热。

3 当混合物颜色变为漂亮的栗棕色时,将锅离火。

4 将焦糖直接浇在模具底部。

2
布丁

准备时间 35分钟

+ 烹饪时间 1小时10分钟

1 将南瓜切成4瓣,用勺子挖去子。

2 南瓜去皮,将其切成边长3厘米左右的小块。

3 用电子秤称出食谱需要的400克南瓜。将烤箱预热至160℃(5~6档)。

4 南瓜放入蒸锅中，蒸15分钟。沥干水分后，将南瓜放在吸水纸上冷却。

5 在锅中加热400毫升豆浆，并放入90克粗红糖，使其化开。

6 用电动搅拌器搅拌南瓜和100毫升甜豆浆。

7 将鸡蛋打在沙拉盆中，迅速用打蛋器搅打，并加入上一步骤中的混合物，搅拌均匀。

8 加入剩下的甜豆浆后搅拌。

9 用滤勺过滤混合物。

10 加入1小撮桂皮粉，搅拌均匀。

11 慢慢地将配料倒入模具中，再将模具放在烤箱专用的托盘中。

12 在托盘中倒入热水，水的高度要达到模具外侧的一半。放入烤箱烤大约50分钟。

3

栗子和收尾

准备时间 10分钟

+ 烹饪时间 5分钟　+ 等待时间 3小时

1 在制作布丁的同时,在锅中混合50克细蔗糖、3个八角和3汤匙水。

2 将混合物加热至沸腾,继续加热至混合物变为棕色(即略微焦糖化,但还是液体状)。

3 将混合物浇在栗子上,腌泡栗子。

4 确定布丁烤好后,将布丁冷藏至少3小时。

厨艺大师小贴士

如何确定布丁是否烤熟?用刀尖穿透布丁,取出刀后,刀面如果是干燥的,说明已烤熟;如果刀面潮湿,就要继续烤几分钟。

5 从冰箱中取出布丁,用刀沿模具四边划几下,为布丁脱模。

6 放好盘子,将模具中的布丁缓缓地扣在盘子上。

7 用栗子和八角装饰布丁即可。

秋日蛋糕

（鹰嘴豆梨蛋糕、桂皮和朗姆酒）

30分钟 + 28分钟 = 58分钟　★
准备时间　烹饪时间　总用时　难度

食材

6人份

小梨3个

调辅料

蜂蜜 2汤匙　　蔗糖 50克　　鹰嘴豆粉 120克　　杏仁粉 20克　　桂皮粉 1咖啡匙

鸡蛋 2个　　葡萄子油 40毫升　　杏仁浆 50毫升

桂皮棒3根　　朗姆酒2汤匙　　有机酵母1/2咖啡匙

变换风味

更具冬日风味
用无花果干和葡萄干来代替梨,再加入核桃。

更具亚洲风情
用柿子代替梨,加入金橘。

另一种形状
可以选用圆形模具或正方形模具。

鹰嘴豆的功效
鹰嘴豆富含蛋白质、膳食纤维、钾、镁和维生素D。鹰嘴豆的营养丰富,能让人精力充沛。

没有朗姆酒怎么办?
可以用白葡萄酒或波尔图甜葡萄酒来代替。

没有蜂蜜怎么办?
可以用枫糖浆来代替。

杏仁的功效
杏仁是极好的蛋白质来源,它富含膳食纤维和矿物质,能够补充能量,还有辅助降低血液中胆固醇的功效。

1
梨

准备时间 10分钟

1 将烤盘纸铺入模具内。

2 梨去皮后切成两半,不去心。

3 在梨的背面削掉一部分,保证它可以平铺在模具中。

2
主料

准备时间 10分钟

+ 烹饪时间 3分钟

1 将鹰嘴豆粉过筛后倒入平底锅中。

2 以中火炒,并用锅铲不断搅拌。

厨艺大师小贴士

将鹰嘴豆粉炒一下可以去除鹰嘴豆的腥味。

3 将面粉倒入碗中,使其自然冷却。烤箱预热至180℃(6档)。

> **厨艺大师小贴士**
>
> 可以在面糊中加入能和梨的味道充分混合的酒（如马德拉葡萄酒、科涅克白兰地酒或樱桃酒），这样也有助于去除鹰嘴豆的腥味。

4 将杏仁粉、有机酵母和桂皮粉一起过筛，放置待用。

5 鸡蛋打在碗中，和蔗糖一起用打蛋器搅拌。

6 加入葡萄子油，搅拌均匀。

7 在放有鹰嘴豆粉的碗中加入杏仁粉、有机酵母和桂皮粉的混合物。

8 将鸡蛋、蔗糖、葡萄子油的混合物倒在碗中间，充分搅拌。

9 加入杏仁浆、1汤匙蜂蜜和1汤匙朗姆酒，搅拌均匀。

> **厨艺大师小贴士**
>
> 杏仁浆含有丰富的钙和蛋白质，我们可以用豆浆、榛子浆、燕麦浆等来代替杏仁浆。

> **厨艺大师小贴士**
>
> 家用杏仁浆：将200克去皮的杏仁在水中浸泡1整天，使其变软。将杏仁沥干水分后，加2杯水，用电动搅拌器搅拌至混合物变成乳状，过滤后即成。

3

蛋糕

准备时间 5分钟

+ 烹饪时间 25分钟

1 用软刮刀将蛋糕浆倒入模具中。

2 放入梨和桂皮棒。

3 放入烤箱烤20~30分钟。

厨艺大师小贴士

为了确认蛋糕是否烤熟，可以用竹签来测试：插入竹签后取出，如果烤熟，竹签应该是干燥的；如果不是，应继续烤几分钟。

4

收尾

准备时间 5分钟

1 在小碗中混合剩下的1汤匙蜂蜜和1汤匙朗姆酒。蛋糕取出后，立即将混合好的糖浆用刷子刷在蛋糕表面。

2 给蛋糕脱模，将蛋糕放在烤网或砧板上，使其自然冷却。

厨艺大师小贴士

蛋糕可以热食，夏天时也可以放凉后食用，还可以搭配攒奶油（搅打稀奶油）食用。

红宝石潘趣酒

（杏仁浆方块、木槿花石榴糖浆）

50分钟 准备时间 + 10分钟 烹饪时间 + 1小时45分钟 等待时间 = 2小时45分钟 总用时　★ 难度

食材

6人份

圣女果 300克

石榴 1/2个

薄荷 3枝

调辅料

琼脂 2咖啡匙

木槿花干花或花茶 2咖啡匙

细蔗糖 11汤匙

柠檬汁 1咖啡匙

杏仁浆 600毫升

有机石榴糖浆 2汤匙

水 830毫升

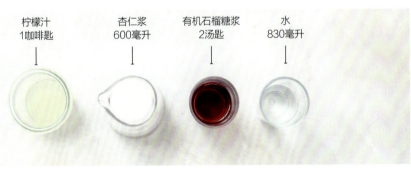

变换风味

制作鸡尾酒
在糖浆中加入冰块和金巴利开胃酒。

更具夏日风情
用小块的西瓜代替圣女果。

玫瑰香味

加入少量的玫瑰糖浆。

没有木槿花怎么办？

可以用袋装茶或红果茶来代替。

石榴的功效

石榴富含抗氧化成分，经常食用可以帮助减压，还可以预防心脑血管疾病。

琼脂的功效

它富含膳食纤维，有助于肠道消化；还含有钙、磷和铁等。同时，琼脂能量较低，有平衡血糖的作用。

1

杏仁浆果冻

准备时间 5分钟

+ 烹饪时间 5分钟　　+ 等待时间 1小时15分钟

1 在锅中混合并加热杏仁浆和6汤匙细蔗糖，不断搅拌至糖完全化开。

2 在碗中混合30毫升冷水和琼脂并搅拌。

厨艺大师小贴士

琼脂倒入热液中前，须将其在冷水中浸泡，否则琼脂会结块。

3 将琼脂倒入放有杏仁浆的锅中，一边倒，一边搅拌。将混合物加热至沸腾，继续加热1分钟。

4 锅离火，将混合物倒入平底方形槽中，使其自然冷却，在阴凉处放置1小时。

2

木槿花石榴糖浆

准备时间 5分钟

+ 烹饪时间 3分钟

1 混合加热800毫升水、5汤匙细蔗糖和木槿花。

2 加热至沸腾后，继续滚两三分钟，直至糖完全化开。待颜色变深后将锅离火，加入有机石榴糖浆。

3 用滤勺过滤后，使其在沙拉盆中冷却。

4 加入1咖啡匙柠檬汁，放于阴凉处保存。

厨艺大师小贴士

柠檬汁能带来清新的口感，还可以保持木槿花的红色。

3
水果

准备时间 30分钟

+ 烹饪时间 2分钟　　+ 等待时间 30分钟

1 准备石榴：去掉石榴的头、尾部。

2 竖直放置后切成两半，用手指抠下其中一半石榴里的石榴子。

3 在锅中将水加热至沸腾，放入圣女果，浸泡几秒钟。

4 用漏勺舀出圣女果，直接泡入冷水中，取出后沥干水分。

5 将圣女果去皮后放在吸水纸上。

6 将圣女果放入木槿花糖浆中，加入石榴子，在阴凉处至少放置30分钟。

厨艺大师小贴士

也可以加入当季水果，如夏天时可以加入西瓜块、杧果块、猕猴桃等。

4

装入玻璃杯

准备时间 10分钟

1 薄荷叶洗净，用吸水纸干燥后，取下叶子。

2 将杏仁浆果冻脱模，放在砧板上。

3 将果冻切成2厘米长的方块。

4 将果冻块分别放入6个杯子中。

5 加入含圣女果、石榴子的木槿花糖浆。

6 用薄荷叶装饰后即可新鲜上桌。

附录

制作调味油

橙油

准备时间：5分钟
等待时间：1周

有机鲜橙1个
葡萄子油20毫升

将鲜橙洗净后用削皮器去皮，去掉橙皮里白色的部分，将切成条状的橙皮放入小罐中，倒入葡萄子油。封住罐口，放于阴凉处1周，让橙子的香味渗入油中。

大蒜油

准备时间：2分钟
烹饪时间：5分钟

大蒜5瓣
橄榄油20毫升

将大蒜剥皮后切成末，放在平底锅中，加入橄榄油，以小火煸至变色。将锅离火，待蒜油自然冷却后倒入小罐中，封住罐口保存于阴凉处即可。

韭葱油

准备时间：5分钟
烹饪时间：10分钟

韭葱1根
生姜30克
洋葱1/2个
葡萄子油20毫升

洋葱和生姜分别洗净、去皮、切片，韭葱去皮后切片。将3种配料倒入平底锅中，加入葡萄子油，以小火煸至变色。用滤勺过滤后，将滤出的油倒入小罐中，放于阴凉处保存。

青椒油

准备时间：2分钟
烹饪时间：3分钟

青椒2个
橄榄油20毫升

将青椒洗净后切片，倒入平底锅中，加橄榄油后以小火煸3分钟。锅离火后待其自然冷却。将青椒连同油一起倒入小罐中，封住罐口，放于阴凉处保存。

主要食材迷你指南

青海苔

青海苔是一种干粉状的绿藻，是日本饮食中常用的一种调味料。青海苔含有一定的维生素B_{12}、氨基酸，能够为素食者提供必需的营养元素。另外，它还含有对人体健康有益的钙、镁、锂等元素。

奇亚籽（学名芡欧鼠尾草）

奇亚籽富含欧米伽3脂肪酸和膳食纤维，这种原产于拉丁美洲的植物的奇特之处在于它可以代替鸡蛋。不能用水来冲洗奇亚籽，但可以将其浸泡在水中（如做豆腐的水），这样它会变得有黏性，可以用来粘住食材（米、豆腐等），起到鸡蛋保持黏性的作用。

白萝卜

白萝卜在日本被称作"大根"，生熟都能食用，做沙拉时一般切片，磨碎了也可以做酱料。它富含维生素C、膳食纤维、钙等，常食不仅具有辅助抗癌的功效，也有一定排毒和行气的作用。

毛豆

毛豆豆荚上覆盖着一层细毛，里面包裹着大豆。毛豆富含蛋白质和膳食纤维。

日本南瓜

它是一种原产于日本的南瓜属植物，瓜肉较硬，但烹饪后会变得柔软、甘甜。在日本，人们一般用它来做汤、做蛋糕、炖菜等。在法国，这种植物也得到越来越多的种植。

海带

海带是一种干海藻，在许多基础日式料理如日式上汤、味噌汤、炖汤、酱料、酸醋调味汁中非常常用。海带富含谷氨酰胺、天然氨基酸、矿物质和维生素，能够帮助补充维生素B_{12}，对于素食者来说是理想的食材。

魔芋

魔芋在日本有2000多年的食用历史，人们用它的地下块茎制作魔芋精粉、魔芋丝等。魔芋富含膳食纤维，能给人以饱腹感，因此越来越多地被用于减肥餐中。魔芋中含有一种神奇的膳食纤维——葡萄甘露聚糖，其具有强大的膨胀力，既可填充胃肠，所含能量又微乎其微。它还有超过任何一种植物胶的黏韧度，是脂肪和糖类的陷阱。另外，魔芋有"去肠砂"之称，能起到明显的排毒作用。

葛根

葛根是一种亚洲山地植物，其根部可用来提取葛根粉，用途与玉米淀粉类似。葛根粉有助于降低心血管疾病的发生风险，缓解更年期症状，中医上将葛根用于治疗糖尿病。

味噌

味噌是一种发酵酱，以黄豆为主要原料。味噌中的蛋白质含量很高，既可以做成汤品，也可以制作腌泡汁、调味酱汁等，是一种多功能的调味料。味噌种类很多，有白味噌、赤味噌、黑味噌等。赤味噌的发酵时间更长，咸度是普通味噌的两倍。

日式面包糠

日式面包糠比法式面包糠更精细。在家中制作面包糠时，可以先将庞多米吐司冷冻后干燥，再用大孔擦丝器擦碎（或用搅拌器）。可将做好的面包糠保存在冰柜中。

大豆蛋白

大豆蛋白在食用前要经过冲洗、炒或烹煮，这样可以去除大豆的腥味。之后就可以将大豆蛋白用在多个食谱中代替肉类，如煎炒类、炖菜和千层面等，因为大豆蛋白的口感和肉相似。

香菇

香菇原产于亚洲，有鲜香菇和干香菇之分。它富含蛋白质、膳食纤维和矿物质，其对免疫系统的有益作用使得它也具有一定的抗癌功效，并且可以降低血液中的胆固醇含量。在日本僧侣的饮食和其他素食中，人们经常将干香菇（味道更浓郁）和海带汤搭配食用。制作干香菇（鸡油菌、牛肝菌、羊角菇等）时，保留或去除菇柄均可，将香菇切片，一片挨一片地放在小筐或滤锅中晾干：一般6小时后可达到半干；3天后可全干。干香菇可长时间保存。

紫苏

紫苏是一种芳香植物，属于薄荷类大家庭中的一员，具有特异的清香。紫苏叶有紫红色和绿色两种，可以促进消化并有助于排毒。

芝麻酱

芝麻酱是由磨碎的芝麻粒制成的，富含钙、镁、铁、维生素B_1、维生素B_2、维生素B_6及维生素B_3等，有抗氧化的功效。

豆腐

豆腐是在豆浆中加入凝固剂制成的，氯化镁就是一种凝固剂，在日本也叫盐卤。豆腐可提供丰富的蛋白质，甚至能够代替肉类。豆腐有很多种，如南豆腐、北豆腐、熏豆腐、炸豆腐等，我们可以根据制作的菜肴来选择。从豆腐中沥出的水也可以被用来制作汤或酱料，它不仅留有豆腐的味道，还保留了豆腐的某些营养成分。豆腐除了富含蛋白质外，还含有B族维生素、维生素E，对皮肤、头发和眼睛都有益处，并可以帮助减轻更年期症状。

洋姜

洋姜退出人们的视野很久后，在近几年又开始流行，我们在蔬果店里很容易就能买到。洋姜的烹调方法有很多，如炖、炒、做成泥等。它富含膳食纤维，不仅有利于肠道消化，还是铁和维生素B_1的重要来源，有助于预防糖尿病和心血管疾病。

梅子和梅子醋

果梅是蔷薇科、杏属植物，在日本被称作"梅子"。梅子的果实呈橘黄色，加入紫苏叶后果实可呈现红色，再加入盐使梅子发酵后，就做成梅子醋。梅子醋有助于抗疲劳、预防食物中毒和流感、降血压、减低胃癌风险，还有灭菌的功效。人们一般将它作为调味品拌在沙拉中，也可以将其放在炖煮的食物中用来去除鱼腥味。

烹饪技法索引

加多加多酱　11	豆腐饼　103
梅子醋　11	蔬菜蒜泥浓汤　107
豆腐糊　21	绿色杂烩菜　107
豆腐蛋黄酱　24	焖洋葱　110
栗子面片　29	柠汁菜花　116
豆腐面糊　34	甜椒酱　116
洋姜沙拉　35	寿司醋　121
多功能酱料　39	南瓜面糊　125
煎豆腐　40	欧防风酱　126
豆腐球　44	玉米糁子　135
西班牙比萨面饼　49	赤味噌榛子酱　136
萨尔萨辣酱　50	红沙拉　140
番茄酱　59	牛油果萨尔萨辣酱　141
天妇罗　78	焗米饭　147
三草沙拉　79	滋补茶　155
土豆泥　83	焦糖　158
嫩煎蘑菇丁　83	杏仁浆果冻　168
蔬菜汤　97	木槿花石榴糖浆　168
海带汤　98	橙油　171
香菇汤　98、99	大蒜油　171
海带香菇汤　99	韭葱油　171
大米饼　102	青椒油　171
照烧酱　103	

主要配料索引

蔬菜类

芦笋
葛根汤（豆腐、毛豆葛根汤） 42
多利亚菜园（春日蔬菜焗米饭、焗麦饭） 143

茄子
什锦蔬菜饭（布格麦、腌菜和丹贝） 70
辣拌乌冬面（乌冬面和赤味噌炒蔬菜） 90
活力大蚬壳粉（绿色杂烩菜填馅和蔬菜蒜泥浓汤） 105
田乐（玉米糁子与赤味噌榛子酱煎蔬菜） 133

西蓝花
田园焗菜（焗西蓝花、金橘、豆乳） 62

胡萝卜
日式浓汤（用味噌调味的栗子面片与根菜） 27
松脆腌根菜（腌根菜、红小扁豆和藜麦） 52
什锦蔬菜饭（布格麦、腌菜和丹贝） 70
春日西班牙式什锦饭（时蔬鲜果杂烩饭） 85
多利亚菜园（春日蔬菜焗米饭、焗麦饭） 143

抱子甘蓝
春日西班牙式什锦饭（时蔬鲜果杂烩饭） 85

菜花
酥炸可乐饼（加入红色藜麦的可乐饼、柠汁菜花） 113

罗马菜花
妈妈汤团（南瓜团子和欧防风酱） 123

紫甘蓝
索卡烤薄饼（鹰嘴豆粉烤薄饼和牛油果萨尔萨辣酱）138

西葫芦
素食千层（土豆、西葫芦、番茄酱和大豆蛋白） 57

什锦蔬菜饭（布格麦、腌菜和丹贝） 70
辣拌乌冬面（乌冬面和赤味噌炒蔬菜） 90
活力大蚬壳粉（绿色杂烩菜填馅和蔬菜蒜泥浓汤） 105
田乐（玉米糁子与赤味噌榛子酱煎蔬菜） 133

白萝卜
排毒养颜汤（白萝卜香菇浓汤） 6

秋葵
手卷寿司（节日寿司） 118

绿豆角
素食便当（米饭和小菜） 128
多利亚菜园（春日蔬菜焗米饭、焗麦饭） 143

日本南瓜
妈妈汤团（南瓜团子和欧防风酱） 123
南瓜布丁（南瓜布丁和焦糖栗子） 156

野苣
索卡烤薄饼（鹰嘴豆粉烤薄饼和牛油果萨尔萨辣酱） 138

芜菁甘蓝
日式浓汤（用味噌调味的栗子面片与根菜） 27

欧防风
松脆腌根菜（腌根菜、红小扁豆和藜麦） 52
妈妈汤团（南瓜团子和欧防风酱） 123
多利亚菜园（春日蔬菜焗米饭、焗麦饭） 143

甜椒
什锦蔬菜饭（布格麦、腌菜和丹贝） 70
辣拌乌冬面（乌冬面和赤味噌炒蔬菜） 90
活力大蚬壳粉（绿色杂烩菜填馅和蔬菜蒜泥浓汤） 105
夏日蔬块（甜椒挞和绿色沙拉） 108
田乐（玉米糁子与赤味噌榛子酱煎蔬菜） 133

土豆

鸟巢炸薯丝（鸟巢炸薯丝、芥末蛋黄酱和豆腐蛋黄酱） 22

素食千层（土豆、西葫芦、番茄酱和大豆蛋白） 57

丛林土豆派（土豆泥、牛肝菌和香菇） 80

酥炸可乐饼（加入红色藜麦的可乐饼、柠汁菜花） 113

莲藕

日式浓汤（用味噌调味的栗子面片与根菜） 27

樱桃萝卜

素食便当（米饭和小菜） 128

芝麻菜

夏日蔬块（甜椒挞和绿色沙拉） 108

番茄

素食千层（土豆、西葫芦、番茄酱和大豆蛋白） 57

圣女果

夏日蔬块（甜椒挞和绿色沙拉） 108

荷兰豆

春日西班牙式什锦饭（时蔬鲜果杂烩饭） 85

洋姜

日式浓汤（用味噌调味的栗子面片与根菜） 27

豆腐布利尼饼与洋姜沙拉（豆腐绿橄榄饼和洋姜沙拉） 32

松脆腌根菜（腌根菜、红小扁豆和藜麦） 52

素食便当（米饭和小菜） 128

水果类

菠萝

醒神蛋糕和滋补茶（菠萝玉米糁子蛋糕、生姜葛根茶） 151

牛油果

索卡烤薄饼（鹰嘴豆粉烤薄饼和牛油果萨尔萨辣酱） 138

森林黄油奶冻（牛油果酱和白巧克力） 148

石榴

红宝石潘趣酒（杏仁浆方块、木槿花石榴糖浆） 166

柿子

禅意沙拉（柿子、魔芋、豆腐糊和芝麻） 17

金橘

豆腐布利尼饼与洋姜沙拉（豆腐绿橄榄饼和洋姜沙拉） 32

田园焗菜（焗西蓝花、金橘、豆乳） 62

梨

秋日蛋糕（鹰嘴豆梨蛋糕、桂皮和朗姆酒） 161

五谷类

全麦

活力咖喱饭（咖喱大豆蛋白、一粒小麦和普通小麦） 65

布格麦

什锦蔬菜饭（布格麦、腌菜和丹贝） 70

大蚬壳粉

活力大蚬壳粉（绿色杂烩菜填馅和蔬菜蒜泥浓汤） 105

有机斯佩尔特小麦粉

多彩西班牙比萨（夏日薄皮比萨） 47

玉米面粉

醒神蛋糕和滋补茶（菠萝玉米糁子蛋糕、生姜葛根茶） 151

春卷皮

蛋白卷（春卷、加多加多酱和梅子醋） 9

燕麦汁

森林黄油奶冻（牛油果酱和白巧克力） 148

小米

春日西班牙式什锦饭（时蔬鲜果杂烩饭） 85

大麦麦粒

多利亚菜园（春日蔬菜焗米饭、焗麦饭） 143

日式面包糠

酥炸可乐饼（加入红色藜麦的可乐饼、柠汁菜花） 113
多利亚菜园（春日蔬菜焗米饭、焗麦饭） 143

一粒小麦

活力咖喱饭（咖喱大豆蛋白、一粒小麦和普通小麦） 65

玉米糁子

田乐（玉米糁子与赤味噌榛子酱煎蔬菜） 133
醒神蛋糕和滋补茶（菠萝玉米糁子蛋糕、生姜葛根茶） 151

藜麦

松脆腌根菜（腌根菜、红小扁豆和藜麦） 52
酥炸可乐饼（加入红色藜麦的可乐饼、柠汁菜花） 113

米

春日西班牙式什锦饭（时蔬鲜果杂烩饭） 85
米汉堡（大米汉堡坯和照烧豆腐） 100
手卷寿司（节日寿司） 118
素食便当（米饭和小菜） 128
多利亚菜园（春日蔬菜焗米饭、焗麦饭） 143

荞麦面

荞麦面沙拉（荞麦面条和煎豆腐） 37

乌冬面

辣拌乌冬面（乌冬面和赤味噌炒蔬菜） 90

燕麦乳

森林黄油奶冻（牛油果酱和白巧克力） 148

调料类

琼脂

红宝石潘趣酒（杏仁浆方块、木槿花石榴糖浆） 166

青海苔

蔬菜天妇罗（豆腐馅天妇罗和三草沙拉配柠檬汁） 75
米汉堡（大米汉堡坯和照烧豆腐） 100

罗勒
活力大蚬壳粉（绿色杂烩菜填馅和蔬菜蒜泥浓汤） 105

桂皮
秋日蛋糕（鹰嘴豆梨蛋糕、桂皮和朗姆酒） 161

白豆蔻
森林黄油奶冻（牛油果酱和白巧克力） 148

奇亚籽
米汉堡（大米汉堡坯和照烧豆腐） 100

杏仁霜
索卡烤薄饼（鹰嘴豆粉烤薄饼和牛油果萨尔萨辣酱） 138

咖喱
活力咖喱饭（咖喱大豆蛋白、一粒小麦和普通小麦） 65

生姜
醒神蛋糕和滋补茶（菠萝玉米糁子蛋糕、生姜葛根茶） 151

木槿花干花
红宝石潘趣酒（杏仁浆方块、木槿花石榴糖浆） 166

橙油
豆腐布利尼饼与洋姜沙拉（豆腐绿橄榄饼和洋姜沙拉） 32

青椒油
多彩西班牙比萨（夏日薄皮比萨） 47

韭葱油
辣拌乌冬面（乌冬面和赤味噌炒蔬菜） 90

味噌
排毒养颜汤（白萝卜香菇浓汤） 6
日式浓汤（用味噌调味的栗子面片与根菜） 27
活力咖喱饭（咖喱大豆蛋白、一粒小麦和普通小麦） 65
辣拌乌冬面（乌冬面和赤味噌炒蔬菜） 90
田乐（玉米糁子与赤味噌榛子酱煎蔬菜） 133

绿橄榄
豆腐布利尼饼与洋姜沙拉（豆腐绿橄榄饼和洋姜沙拉） 32

榛子酱
田乐（玉米糁子与赤味噌榛子酱煎蔬菜） 133

芝麻
荞麦面沙拉（荞麦面条和煎豆腐） 37
素食便当（米饭和小菜） 128

石榴糖浆
红宝石潘趣酒（杏仁浆方块、木槿花石榴糖浆） 166

芝麻酱
禅意沙拉（柿子、魔芋、豆腐糊和芝麻） 17

梅子醋
蛋白卷（春卷、加多加多酱和梅子醋） 9
手卷寿司（节日寿司） 118

菌菇类
牛肝菌
丛林土豆派（土豆泥、牛肝菌和香菇） 80

口蘑
葛根汤（豆腐、毛豆葛根汤） 42

香菇
排毒养颜汤（白萝卜香菇浓汤） 6

丛林土豆派（土豆泥、牛肝菌和香菇） 80
辣拌乌冬面（乌冬面和赤味噌炒蔬菜） 90
素食蔬菜汤（蔬菜汤、海带汤、香菇汤、海带香菇汤） 95

豆及豆制品类

丹贝

什锦蔬菜饭（布格麦、腌菜和丹贝） 70

小豌豆

多利亚菜园（春日蔬菜焗米饭、焗麦饭） 143

豆乳

田园焗菜（焗西蓝花、金橘、豆乳） 62

毛豆

葛根汤（豆腐、毛豆葛根汤） 42
什锦蔬菜饭（布格麦、腌菜和丹贝） 70

鹰嘴豆粉

秋日蛋糕（鹰嘴豆梨蛋糕、桂皮和朗姆酒） 161

蚕豆

鸟巢炸薯丝（鸟巢炸薯丝、芥末蛋黄酱和豆腐蛋黄酱） 22

豆浆

排毒养颜汤（白萝卜香菇浓汤） 6
妈妈汤团（南瓜团子和欧防风酱） 123

索卡烤薄饼（鹰嘴豆粉烤薄饼和牛油果萨尔萨辣酱） 138
多利亚菜园（春日蔬菜焗米饭、焗麦饭） 143
醒神蛋糕和滋补茶（菠萝玉米糁子蛋糕、生姜葛根茶） 151
南瓜布丁（南瓜布丁和焦糖栗子） 156

红小扁豆

松脆腌根菜（腌根菜、红小扁豆和藜麦） 52

大豆蛋白

蛋白卷（春卷、加多加多酱和梅子醋） 9
素食千层（土豆、西葫芦、番茄酱和大豆蛋白） 57
活力咖喱饭（咖喱大豆蛋白、一粒小麦和普通小麦） 65

北豆腐

豆腐盅（红绿两色的豆腐块） 14
荞麦面沙拉（荞麦面条和煎豆腐） 37
米汉堡（大米汉堡坯和照烧豆腐） 100

南豆腐

禅意沙拉（柿子、魔芋、豆腐糊和芝麻） 17
鸟巢炸薯丝（鸟巢炸薯丝、芥末蛋黄酱和豆腐蛋黄酱） 22
豆腐布利尼饼与洋姜沙拉（豆腐绿橄榄饼和洋姜沙拉） 32
葛根汤（豆腐、毛豆葛根汤） 42
蔬菜天妇罗（豆腐馅天妇罗和三草沙拉配柠檬汁） 75

其他类

鸡蛋

鸟巢炸薯丝（鸟巢炸薯丝、芥末蛋黄酱和豆腐蛋黄酱） 22
葛根汤（豆腐、毛豆葛根汤） 42
田园焗菜（焗西蓝花、金橘、豆乳） 62
蔬菜天妇罗（豆腐馅天妇罗和三草沙拉配柠檬汁） 75
夏日蔬块（甜椒挞和绿色沙拉） 108
索卡烤薄饼（鹰嘴豆粉烤薄饼和牛油果萨尔萨辣酱） 138
醒神蛋糕和滋补茶（菠萝玉米糁子蛋糕、生姜葛根茶） 151
南瓜布丁（南瓜布丁和焦糖栗子） 156
秋日蛋糕（鹰嘴豆梨蛋糕、桂皮和朗姆酒） 161

鹌鹑蛋

鸟巢炸薯丝（鸟巢炸薯丝、芥末蛋黄酱和豆腐蛋黄酱） 22

蔬菜汤

排毒养颜汤（白萝卜香菇浓汤） 6
葛根汤（豆腐、毛豆葛根汤） 42
春日西班牙式什锦饭（时蔬鲜果杂烩饭） 85
田乐（玉米糁子与赤味噌榛子酱煎蔬菜） 133
多利亚菜园（春日蔬菜焗米饭、焗麦饭） 143

栗子面粉

日式浓汤（用味噌调味的栗子面片与根菜） 27

海带

日式浓汤（用味噌调味的栗子面片与根菜） 27
什锦蔬菜饭（布格麦、腌菜和丹贝） 70
素食蔬菜汤 95

魔芋

禅意沙拉（柿子、魔芋、豆腐糊和芝麻） 17

葛根

葛根汤（豆腐、毛豆葛根汤） 42
醒神蛋糕和滋补茶（菠萝玉米糁子蛋糕、生姜葛根茶） 151

杏仁浆

秋日蛋糕（鹰嘴豆梨蛋糕、桂皮和朗姆酒） 161
红宝石潘趣酒（杏仁浆方块、木槿花石榴糖浆） 166

栗子

南瓜布丁（南瓜布丁和焦糖栗子） 156

腰果

松脆腌根菜（腌根菜、红小扁豆和藜麦） 52

紫菜

手卷寿司（节日寿司） 118

干海带

荞麦面沙拉（荞麦面条和煎豆腐） 37
素食便当（米饭和小菜） 128

白巧克力

森林黄油奶冻（牛油果酱和白巧克力） 148

朗姆酒

秋日蛋糕（鹰嘴豆梨蛋糕、桂皮和朗姆酒） 161

埃文达奶酪

田园焗菜（焗西蓝花、金橘、豆乳） 62

图书在版编目（CIP）数据

素食新主张 /（法）原田幸代著；张婷译. —北京：中国轻工业出版社，2018.3

ISBN 978-7-5184-1841-1

Ⅰ.①素… Ⅱ.①原… ②张… Ⅲ.①素菜–菜谱 Ⅳ.① TS972.123

中国版本图书馆 CIP 数据核字（2018）第 016586 号

版权声明：

Published originally under the title: "Les ateliers Masterchef-La cuisine végétarienne"
© 2016 by Editions Solar, Paris
Simplified Chinese Character translation copyright: © 2017, China Light Industry Press

责任编辑：高惠京　　责任终审：孟寿萱　　整体设计：锋尚设计
责任校对：李　靖　　责任监印：张京华

出版发行：中国轻工业出版社（北京东长安街6号，邮编：100740）

印　　刷：北京博海升彩色印刷有限公司

经　　销：各地新华书店

版　　次：2018年3月第1版第1次印刷

开　　本：720×1000　1/16　印张：11.5

字　　数：200千字

书　　号：ISBN 978-7-5184-1841-1　定价：49.80元

邮购电话：010-65241695

发行电话：010-85119835　传真：85113293

网　　址：http://www.chlip.com.cn

Email：club@chlip.com.cn

如发现图书残缺请与我社邮购联系调换

170531S1X101ZYW